科技与金融融合发展研究

韩俊华　周全　著

中国财经出版传媒集团
中国财政经济出版社
· 北京 ·

图书在版编目（CIP）数据
科技与金融融合发展研究 / 韩俊华，周全著.
北京 : 中国财政经济出版社，2025. 5. -- ISBN 978-7
-5223-3920-7
Ⅰ. G301；F830
中国国家版本馆CIP数据核字第20254EC071号

责任编辑：牛婧丽　　责任校对：张　凡
封面设计：孙俪铭　　责任印制：张　健

科技与金融融合发展研究
KEJI YU JINRONG RONGHE FAZHAN YANJIU

中国财政经济出版社 出版
URL：http：//www. cfeph. cn
E－mail：cfeph@ cfeph. cn

社址：北京市海淀区阜成路甲 28 号　邮政编码：100142
营销中心电话：010－88191522
天猫网店：中国财政经济出版社旗舰店
网址：https：//zgczjjcbs. tmall. com
北京厚诚则铭印刷科技有限公司印刷　各地新华书店经销
成品尺寸：170mm×240mm　16 开　16. 75 印张　240 000 字
2025 年 5 月第 1 版　2025 年 5 月北京第 1 次印刷
定价：75. 00 元
ISBN 978－7－5223－3920－7
（图书出现印装问题，本社负责调换，电话：010－88190548）
本社质量投诉电话：010－88190744
打击盗版举报热线：010－88191661　QQ：2242791300

前　言

中国共产党二十大报告指出，“加快发展数字经济，促进数字经济和实体经济深度融合”。2024年10月，中国人民银行、科学技术部联合印发《关于做好重点地区科技金融服务的通知》，指导和推动北京、长江三角洲地区、粤港澳大湾区等科技要素密集地区做好科技金融服务。

本书采用理论分析法研究科技与金融融合，具体内容如下：

首先，是科技与金融融合理论分析。一是理论分析了科技与金融融合的生命周期理论，科技与金融融合机制、模式、风险和治理路径。二是理论分析了大数据时代科技与金融融合推动经济发展、融合风险、基于区块链技术的科技监管。

其次，以科技型小微企业为研究对象，分析了科技与金融融合的应用，包括政策性金融、创新风险投资、移动金融、互联网金融、普惠金融对科技型小微企业的金融支持，以及多层次的农业科技金融支持。

再次，理论分析了金融科技促进经济发展、风险及监管。主要分析了金融科技发展、金融科技风险及科技监管，以及数字经济时代金融科技发展的动因、促进经济增长的作用机制、金融科技风险及各国监管模式。

最后，理论分析了数字经济时代数字金融发展、风险和监管。一是分析了数字经济时代数字金融“双风险”演变机制、传导机制和科技监管。二是分析了基于区块链技术的数字金融风险监管。三是分析了数字金融促进共同富裕。

本书可能的创新之处：一是把科技金融和金融科技纳入一个研究框架，既研究了科技与金融融合的前端科技金融，又研究了科技与金融融合的后端金融科技；二是突出了本土化的研究思想。中国数字金融具有规模优势，但是征信体系不完善，数字金融的去中心化加重了风险隐患，科技监管是与数字金融相匹配的监管模式。基于中国国情研究数字金融风险和监管，突出了本土化的研究思想。

目　　录

第1章 绪　论

1.1 研究背景和研究意义

1.1.1 研究背景

中国共产党二十大报告指出，“加快发展数字经济，促进数字经济和实体经济深度融合”。2024年政府工作报告要求“大力发展科技金融、绿色金融、普惠金融、养老金融、数字金融……更好满足中小微企业融资需求”。中国人民银行等四部门联合印发的《金融标准化“十四五”发展规划》，要求深化数字技术在金融领域的运用。2024年10月，中国人民银行、科技部联合印发《关于做好重点地区科技金融服务的通知》，指导和推动北京、长江三角洲地区、粤港澳大湾区等科技要素密集地区做好科技金融服务。

数字金融是数字技术和金融服务业融合发展的新业态，代表全球金融发展的新方向，是数字经济的重要组成部分，数字经济和实体经济深度融合促进科技创新需要效率更高、功能更强的金融支持。科技与金融融合既包括传统金融赋能实体经济科技创新，也包括科技赋能金融促进金融创新，推动实体经济创新。学者研究科技与金融融合从两个角度展开。一是科技金融。1993 年深圳科技局第一次把科技与金融融合，简称“科技金融”。熊彼特（1912）的创新理论认为，如果没有金融的支持，企业创新很难实现，只有科技创新投入生产才能转化为商业活动，这离不开金融的支持。传统金融产品创新有助于企业技术创新（Saint - Paul，1992；Bencivenga，1995；Levine，2000；Aghion，2005；周昌发，2011）。二是金融科技。①金融科技促进数字经济发展，如创造效应（Mazambani，2019；周光友，2020）、信息效应（王小燕，2019；刘少波，2021）、普惠效应（Chen，2018；张勋，2019）、长尾效应（侯世英，2020；周全和韩贺洋，2020）、安全效应（Thakor，2020；龚强，2021）。②金融科技促进实体经济发展，如投资效率（刘园，2018）、企业创新（宋敏，2021）、产业升级（庄雷和王烨，2019）、资本积累（李杨和程斌琪，2018）、资源分配效率（Cheng，2021）。

回顾历史，经济发展总是取决于科技创新，金融在科技创新中一直都发挥重要作用，金融也因科技创新获得重要发展，历史上三次工业革命的繁荣，科技和金融融合起重要作用。

第一次工业革命中的科技与金融融合发展。第一次工业革命的显著标志是蒸汽机的发明和广泛应用。它促进了运输业、印刷业和纺织业的发展。信用和资本在经济领域的应用，使巨额资本积累推动铁路股权融资的发展，并成为第一次工业革命发展的重要动力。

第二次工业革命中的技术创新和金融发展。电力的发明和广泛应用推动第二次工业革命的发展。飞机、汽车、公路、电话、电视突破了经济发展的时空限制，货币信用方式的普及和信用货币制度的广泛应用为第二次工业革命提供巨额融资需求，使技术创新快速转化为现实生产力。

第三次工业革命中的信息技术革命和金融的科技化。空间技术、电子计算机和原子能技术的广泛应用推动第三次工业革命的发展，金融业大规模应用信息技术和计算机刺激信息技术（IT）市场和行业的发展，金融业的信息化催生了商业银行电子转账业务等电子金融，海量业务通过数据形式加以储存。

在当下数字经济时代，金融的科技化程度更高，催生了数字金融的发展，数字作为一种全新的生产要素，为实体企业数字化转型提供资源支持、技术支持和信息支持，促进实体经济创新。

可见科技与金融融合研究有广阔的应用前景，而已有研究仅仅是从某一个视角研究科技与金融融合，为本书从科技金融、金融科技、数字金融不断演进的视角研究科技与金融融合提供了空间和机会。

1.1.2 研究意义

（1）理论意义

第一，丰富了科技与金融融合理论。以科技型小微企业为研究对象，详细阐述了政策性金融、风险投资、移动金融、互联网金融、普惠金融对科技型小微企业的金融支持，研究视角更为全面，不同于已有文献从某一个视角研究金融对科技型小微企业的支持，丰富了科技与金融融合理论。第二，深化了金融风险理论。深入研究了科技金融的风险类型、金融科技的风险传导、数字金融的风险演化，丰富了金融风险理论。第三，完善了科技监管理论。金融科技不断创新业务流程，传统金融中心化的监管方式无法应对去中心化的金融科技，本书从区块链监管的理论可行性、目标可行性、技术可行性视角分析了区块链科技监管能够实时预警金融科技风险。

（2）实践意义

第一，该研究结论为小微企业融资决策提供参考。数字金融是与小微企业相匹配的融资方式，具有普惠金融属性。其资源效应、信息效应、技术效应有利于促进小微企业技术创新，为小微企业融资决策提供建议。第二，为金融机构创新金融模式提供参考。数字金融的区块链、互联网、大数据、云计算、人工智能等技术有利于促进金融业数字化转型，降低运营成本，提升金融效率，预警金融风险，金融业应该加大数字金融的应用，提供优质金融服务，服务实体经济。第三，为监管部门监管决策提供参考。传统金融监管的中心化无法适应去中心化的数字金融，去中心化的科技监管能够动态监管去中心化的数字金融，对区块链科技监管的理论可行性、技术可行性分析为监管部门科技监管提供决策依据，有利于“守住不发生系统性金融风险的底线”。

1.2 研究内容和研究框架

1.2.1 研究内容

主要内容共分为四个部分（16 章），内容如下：

第一部分，科技与金融融合理论分析。共分两章，第 4 章和第 5 章。一是理论分析了科技与金融融合的生命周期理论，科技与金融融合机制、模式、风险和治理路径。二是理论分析了大数据时代科技与金融融合推动经济发展、融合风险、基于区块链技术的科技监管。

第二部分，科技型小微企业金融支持应用分析。本部分包括第 6 章至第 13 章的内容，细分为服务于科技型小微企业的科技金融支持和互联网金融支持。首先，对科技金融创新促进经济发展进行一般分析。其次，分析了服务科技型小微企业的一般金融支持、政策性金融支持、风险投资金融支持。最后，分析了服务科技型小微企业的移动金融支持、互联网金融支持、普惠金融支持，以及多层次的农业科技金融支持。

第三部分，金融科技促进经济发展、风险及监管。包括第 14 章和第 15 章。一是分析了金融科技发展、金融科技风险及科技监管。二是分析了数字经济时代金融科技发展的动因、促进经济增长作用机制、金融科技风险及各国监管模式。

第四部分，数字经济时代数字金融发展、风险和监管。包括第 16 章至第 19 章。首先，分析了数字经济时代数字金融“双风险”演变机制、传导机制和科技监管。其次，分析了基于区块链技术的数字金融风险监管。最后，分析了数字普惠金融促进共同富裕。

1.2.2 研究框架

通过科技与金融融合文献综述，借鉴已有研究成果，构建理论框架。一是科技与金融融合一般理论分析；二是以科技型小微企业为研究对象，对科技与金融融合进行具体分析；三是金融科技创新、风险和监管分析；四是数字经济时代数字金融风险演进和数字普惠金融促进共同富裕分析。具体研究框架如图 1－1 所示。

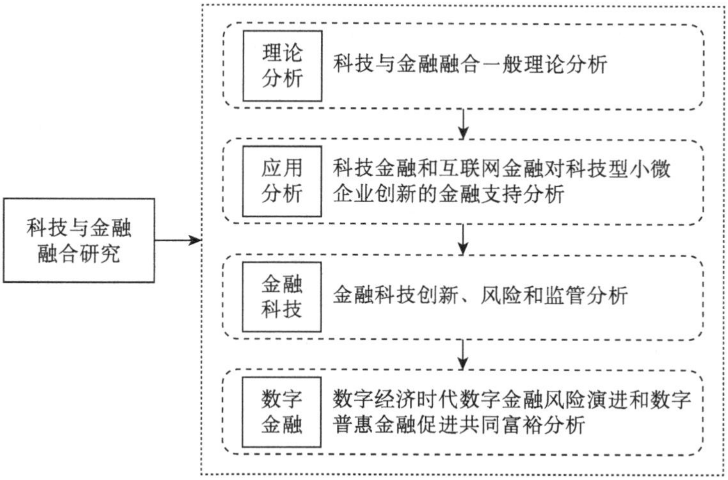

图 1－1　本书研究框架

1.3 思路和方法

1.3.1　基本思路

把科技与金融融合分为三个层次：第一个层次是金融促进科技企业创新，即科技金融；第二个层次是科技促进金融创新，产生金融科技，金融科技是一把“双刃剑”，一方面促进经济发展，另一方面产生金融风险，需要科技监管来平衡金融科技创新和风险；第三个层次是数字经济时代数字普惠金融促进共同富裕。

1.3.2 具体研究方法

第一，调查研究法。到科技型小微企业进行访谈，了解科技型小微企业融资存在的问题，以及我国有哪些支持科技型小微企业的金融模式。到金融科技企业和资本市场去调查，了解金融科技的技术创新和风险隐患。到金融机构去调查金融科技与金融机构业务相关性和金融科技的应用。第二，文献综述法。首先，综述了科技金融的含义、运行机制、运行模式和效率测度；其次，综述了金融科技的含义、形成逻辑和作用机制、风险及监管；再次，综述了数字金融的含义、测度、数字普惠金融促进经济高质量发展；最后，进行了文献述评，通过文献梳理构建本书的理论基础和研究框架。第三，理论分析法。对科技金融、金融科技、数字金融促进企业创新进行机制分析、风险特征分析和科技监管分析，得出科技与金融融合是一把“双刃剑”，一方面促进共同富裕，另一方面存在金融风险，需要用去中心化的监管科技监管去中心化的数字金融。

1.4 主要贡献与研究创新

第一，把科技金融和金融科技纳入一个研究框架，一方面研究了传统金融对小微企业科技创新的影响，另一方面研究了数字金融和实体经济融合促进经济高质量发展。既研究了科技与金融融合的前端科技金融（传统金融促进科技企业发展），又研究了科技与金融融合的后端金融科技（科技赋能金融形成数字金融，促进实体经济发展和共同富裕）。第二，突出了本土化的学术思想。数字金融投融资门槛较低，使用者规模庞大，多数是长尾人群，抗风险能力较差，加之中国征信体系不完善，数字金融风险隐患较大。数字金融的网络化和去中心化加重了风险的传染性，区块链技术的科技监管能够平行、动态、实时监管数字金融风险。基于中国国情研究数字金融风险和监管，突出了本土化的学术思想。

第2章

科技与金融融合研究综述

科学技术的持续创新推动科技与金融融合，不仅重塑了银行等传统金融业，促进科技金融的发展，也催生了新兴的金融生态，金融科技快速发展（李春涛等，2020）。在数字经济时代，金融科技的深度应用推动数字金融的发展，成为数字经济最具代表性的行业（金融科技理论与应用研究小组，2021），具有资产数字化和数字资产化特征（丁晓蔚，2021）及普惠金融属性（吴茜，2024），促进经济高质量发展。

2.1 科技金融研究

2.1.1 科技金融的含义

科技金融的实践活动产生于20世纪80年代，1992年中国科技金融促进会在广州成立，1994年中国科技金融促进会第一届理事会首次把“科技金融”作为一个概念提出（陆燕春和朋振江，2013）。赵昌文（2009）认为，科技金融是以政策性金融为主导，引导银行、证券、保险等金融机构和创业投资等社会资本搭建服务平台，改善金融服务，创新金融产品，促进科技与金融融合，为科技企业提供金融支持的政策和制度的系统安排，强调了科技金融的综合性、社会性和创新性。房汉廷（2010）认为，科技金融是一种创新驱动的经济范式，促进创新资本、技术资本和企业家资本等创新要素深度融合，通过金融手段促进科技创新和经济发展，强调了科技金融的资源配置和产业升级效应。洪银兴（2011）认为，科技金融是将科技与金融相融合，为实体经济提供个性化、多层次、全方位的创新金融服务和金融模式，与赵昌文（2009）的科技金融概念相一致。胡苏迪和蒋伏心（2012）从科技企业生命周期理论视角阐述，科技金融是为科技企业产业发展的各个阶段提供投融资服务的金融政策、金融工具和金融机构的组合，以促进科技开发和科技成果转化，强调了科技金融的生命周期特征。

2.1.2 科技金融的运行机制

赵昌文（2009）阐述了科技金融的政府机制、金融社会机制和市场机制。市场机制包括竞争机制、供求机制和价格机制，是配置科技金融资源的主导机制。政府机制使用法律和政策引导科技金融发展，解决市场失灵问题。金融社会机制是以信任为基础形成的社会关系网络为科技企业提供融资的作用机制，是市场机制的补充。朱波强等（2019）基于“双创”背景下进一步研究了科技金融的沟通协作机制和风险分担机制。沟通协作机制强调了高校科研院所、金融机构、中介机构在科技金融主体之间的沟通协调作用，以提高科技金融运行效率。风险分担机制是指保险公司、信息服务机构和信息担保机构等为科技金融供需双方提供收益共享和风险共担的机制，以解决收益和风险不平衡问题。胡援成和吴江涛（2012）提出了构建科技金融运行机制需要打造科学合理的评估体系和搭建投融资对接通道。韩俊华（2020）提出了科技金融运行的供求主体合作机制、资源配置机制、人才保障机制和科技评估机制。

2.1.3 科技金融的运行模式

韩俊华（2018）将科技金融的运行模式分为政策性金融和商业银行金融。政策性金融包括行业贷款和项目贷款，与行业贷款相比，项目贷款更能提高政策金融的效益和效率，具有可持续性。商业银行金融包括关系型贷款和交易型贷款，更多的贷款次数和信用积累能够使交易型贷款转变成关系型贷款。赵昌文（2009）把科技金融运行的模式分为风险投资、财政科技投入、科技贷款、科技资本市场、科技保险。美国资本市场发达，风险投资的退出机制完善，发展中国家市场机制不健全，财政科技投入能够解决市场失灵问题。科技保险有利于分担科技贷款的高风险。张兴旺和陈希敏（2017）把科技金融运行模式分为发达国家模式和新兴发展国家模式两类，美国、日本和德国等发达国家的科技金融运行模式有政策性金融、多层次的资本市场、风险投资、信用担保。韩国和新加坡等新兴发展国家的科技金融运行模式有政策性金融、商业银行科技金融和信用担保体系。中国科技金融以政策性金融为主导，商业科技金融不发达，法律规章制度、综合服务评价体系和风险分担机制不健全。

2.1.4　科技金融效率测度

科技金融效率的测度分为宏观和微观两个研究方向：

（1）宏观科技金融效率测度

王海和叶元煦（2001）构建了科技金融效率的指标体系，指标体系包括科技金融投入和产出指标，使用层次分析法计算指标权重，然后构建科技金融效率评价模型，使用 1991—2000 年《中国科技统计年鉴》数据进行计算，得出科技金融效率没有显著增长。余泳泽（2011）使用空间面板计量方法，构建生产函数空间计量模型，以 2002—2008 年 29 个省份数据为研究对象，研发资本和研发人员为投入变量，产出指标为工业增加值指数，政策性金融的科技创新效率不显著。孙伍琴和朱顺林（2008）使用数据包络分析（DEA）方法，构建科技金融结构指标和技术创新指标，测算 2001—2004 年 23 个省份科技金融效率 Malmquist 指数，结果显示科技金融效率持续提高。徐玉莲和王宏起（2012）使用 Bootstrap 仿真方法，基于 1994—2008 年时间序列数据，进行格兰杰因果检验，结果显示：风险投资、科技资本市场、政策性金融促进技术创新，银行科技信贷不显著。曹颢等（2011）构建科技金融发展指数，分为科技金融贷款指数、科技金融投入指数、科技金融资源指数、科技金融产出指数，使用组间连接法，计算 2001—2008 年 31 个省份的科技金融发展指数，聚类分析科技金融产出效率呈下降趋势。邹克等（2024）构建科技金融指数对新质生产力指数回归模型，对2010—2022年31个省份的样本数据进行回归分析，结果显示科技金融加快新质生产力水平。

（2）微观科技金融效率测度

刘降斌和李艳梅（2008）使用Cobb – Douglas生产函数，加入金融体系规模变量（自变量）、自主创新能力变量（因变量），构建实证研究模型，对1979—2007年《中国统计年鉴》等发布的科技型中小企业数据进行单位根检验和协整检验，各区域金融体系提升自主创新水平。李颖（2009）采用Robust最小二乘法，对1990—2004年广东省21个地级市100多家企业的数据进行回归分析，金融科技主要指标与科技创新效率指标正相关，资本市场、银行、保险公司对科技创新的促进作用依次递减。于海云和郑明波（2024）使用多期双重差分模型，对2007—2022年A股上市公司数据进行回归分析，结果显示科技金融促进绿色技术创新。

2.2 金融科技研究

2.2.1 金融科技的含义

一是新业务模式观点。金融科技是使用科技手段让金融服务更高效的新业务模式（维基百科，2016），分为市场设施、投资管理、支付结算、资本筹集和存贷款四类（巴塞尔银行监管委员会，2017）。二是科学技术的观点。金融科技是一系列科学技术应用到金融行业（巴曙松，2016），如金融服务、贷款、投融资、金融支付等（Ma & Liu，2017），降低行业成本，提高行业效率（巴曙松，2016）。三是综合的观点，既包括前端的业务模式，又包括后端的技术。金融科技是科学技术带来的金融创新，对金融服务、金融机构和金融市场产生影响，从而出现新产品、新应用和新业务模式（金融稳定理事会，2016）。

2.2.2　金融科技的形成逻辑和作用机制

（1）基于金融中介理论的视角

市场摩擦产生信息成本、交易成本和不可分割性（Benston，1976），而金融中介具有交易监督和信息获取优势（Boyd & Smith，1992），从而增强风险管理，降低了交易成本和信息成本，提升金融体系的价值（Scholtens & Wensveen，2000）。

第一，金融科技降低信息不对称。信息不对称制约传统金融的发展（皮天雷和赵铁，2014），金融科技依靠互联网金融平台，使用大数据、人工智能、云计算技术实现金融脱媒，借贷双方直接交易，实现个人移动支付和超级集中支付相统一，支付便捷，交易记录网络化，信用记录公开化，使信用成为一种资本，降低了交易双方的信息不对称（谢平和邹传伟，2012）。

第二，实现了信用风险定价。金融交易是信用交易（Fisher，1970），金融交易的主要问题是信息和信用风险的关系问题，信息不对称产生金融风险和相依附的金融收益，吸引大量投融资者（杨东，2015）。一方面，金融科技平台借助互联网技术信息生成、获取成本很低；另一方面，互联网金融平台投融资门槛低，投融资者众多，识别信用风险变得容易，市场信息流动性很强，道德风险和逆向选择通过价格表现出来，实现了信用风险定价（王黎华，2015）。

第三，金融科技降低交易成本。一是互联网金融脱媒减少了金融中介的网点设置成本、人工成本、运营成本（陶娅娜，2013）。二是第三方支付公司代替大量客户与金融机构进行二次结算，实现规模经营，降低了清算边际成本（温孝卿和张健，2015）。三是金融科技公司提供网络平台，资金供需双方能够自行进行资金匹配、定价、成交，减少信息收集成本（韩俊华，2017）。四是金融科技实现交易流程的智能化和自动化，进一步降低了中介服务成本和人工操作成本。机器学习技术优化风险管理模型，降低了坏账损失（杜志鹏，2024）。

第四，金融科技提升企业价值。科技促进金融创新，产生新产品、新业务、新应用、新模式和用户交流互动新形式（金融稳定理事会，2016）。金融科技提升银行服务质量和服务多样性（Berger，2003），余额宝等加剧银行存款竞争，降低银行特许权价值（Marcus，1984），金融科技改善金融结构，提升信息披露质量（苑泽明等，2022），增强企业的融资能力（黄锐等，2020）、投资效率（王娟和朱卫未，2020）和创新能力（唐松，2020），增加企业价值（李小玲等，2020）。

（2）基于熊彼特创新理论的视角

熊彼特创新理论认为，创新是使用新的技术方法，控制新的供应来源，生产出新产品，进入新市场，产生新组织形式。

金融科技的大数据、人工智能、互联网、云计算等技术，革新传统金融运行方法（皮天雷等，2018），支付、借贷的数字化和智能化，改善传统金融的服务方式和生态格局，其在线服务提升传统金融服务效率（Lee & Shin，2018）。金融科技的大数据分析降低了银行贷款风险，优化金融资源配置效率，促进金融市场稳定（李佳等，2024）。

金融科技拓展了服务范围。互联网、智能手机的普及，使得金融基础设施薄弱的偏远山区和农村也能享受金融服务，拓展了金融服务的范围和边界，增加了金融服务的可得性和普惠性（谢绚丽，2018）。金融科技企业使用大数据技术对客户信息进行高效整合和精准画像，根据客户需求提供定制化产品，满足客户在养老、住房、医疗、教育、就业、投资等不同应用场景的金融需求（华勐慧，2020）。

金融科技促进金融产品创新。金融科技使用大数据、区块链、人工智能、计算机技术不断创新金融产品，如移动支付、智能投顾、数字货币、智能合约、在线支付，促进金融市场结构日趋合理，金融市场规模不断扩大，为科技企业提供综合化的服务支持（曹麟，2021）。“双碳”目标下，金融科技通过绿色信贷智慧定价和绿色信贷业务营销，推动银行把绿色信贷的环境效益纳入定价模型，促进绿色信贷产品创新，赋能绿色金融和绿色数字经济发展（王仁曾等，2023）。

（3）基于技术进步的视角

金融科技的技术进步理论强调金融发展技术进步的重要作用。大数据、云计算、互联网、区块链技术的广泛应用，不断创新金融产品和金融服务，产生新业务和新流程，新技术是金融创新和经济增长的动力来源（皮天雷等，2018）。

技术进步促进金融科技发展。银行的技术并购和创新不能消除多层级的技术系统（Kumar，2016），金融科技改变传统金融机构的运行模式（Chen，2017），使金融运行结构和运行效率更高效（皮天雷等，2018）。金融科技拓展信息收集渠道、消除信息获取壁垒、提供多元化的融资方式，丰富资金供给，改进商品交换方式，促进企业技术创新和经济高质量发展（龚钰涵等，2024）。

技术进步是经济增长的决定因素（Romer，1990），金融科技的互联网、区块链、大数据、人工智能等技术能够低成本低风险处理海量数据（Gomber et al.，2018），解决长尾人群的“玻璃门”“卷帘门”问题。金融科技的信息技术分析能够帮助企业找到技术创新的最优路径，金融科技的技术溢出重塑传统金融体系，信用的信息化和透明化硬化企业软信息（谢平和邹传伟，2012），改善信贷资源配置，缓解创新企业融资约束（Laeven et al.，2015），促进企业技术创新（唐松等，2020）。

2.2.3　金融科技的风险

（1）金融科技的风险特征

①金融科技风险特征演变：起步期的金融欺诈风险、成长期的监管套利风险、洗牌调整期和走向成熟期的数据安全和头部企业垄断风险（龚强等，2022）。②金融科技风险放大市场波动、加剧风险传染和风险集中等系统性金融风险，以及增加法律风险、信息科技风险、第三方外包风险等非金融类型风险（刘志洋，2021）。③金融科技风险具有传染性和隐蔽性，金融安全问题更加突出，具有金融科技的结构性风险（杨文尧天和何海锋，2019）。风险特征更为复杂，具有易变性、非平衡性、内生性（陈红和郭亮金，2020）。

（2）金融科技的风险类型

具体包括合规风险、信用风险、流动性风险、法律风险、系统性风险（周全和韩贺洋，2020）、数据保护和隐私泄露风险、过度依赖技术产生的金融风险、平台垄断风险（石光和宋芳秀，2020）、算法风险（王怀勇，2021）、数据安全风险（周代数和郭滕达，2020）、账户管理风险（高惺惟，2022）、流动性风险、信用风险和系统性风险（陈红和郭亮金，2020），传染能力更强，极易形成系统性风险（王正位等，2022）。

2.2.4 金融科技的监管

金融风险监管研究包括监管理念和监管行为的变化。监管理念研究包括功能监管（张永亮，2020）、行为监管（谢平和邹传伟，2014）、规则监管（唐要家，2021）、原则监管（郑彧，2021）、审慎监管（程雪军，2022）。监管行为的变化研究包括从功能监管、行为监管（王勋等，2022）到监管科技（杨东，2018），监管科技研究经历了技术监管（FSB，2021）到监管数据自动化（诗园和郑联盛，2020），再到以数据为中心的算法监管（Arner et al.，2017）。

2.3 数字金融研究

2.3.1 数字金融的含义和测度

（1）数字金融的含义

数字金融的概念提出较晚，随着数字经济时代的到来才出现数字金融的概念，尚没有形成统一的认识，与金融科技、互联网金融、电子金融含义和区分较为模糊，在不同的发展阶段，数字金融的侧重点不同。早期的数字金融被称为“电子金融”，起始于美国，是使用电子通信和计算技术的金融产品、金融服务、金融模式和金融市场（Allen et al.，2002），如线上抵押贷款、线上股票交易、网上银行。互联网金融于2012年由谢平和邹传伟提出，不同于资本市场直接融资和商业银行间接融资，是使用云计算、搜索引擎、社交网络、移动支付等现代信息科技的第三种金融模式，是一种互联网直接融资模式。主要功能是移动支付、资源配置和信息处理，主要应用是点对点（P2P）网贷和手机银行（谢平和邹传伟，2012）。互联网金融是传统金融与互联网技术的结合。随着大数据、云计算、区块链、人工智能等关键技术成熟，金融产品和金融技术持续创新，实现了互联网金融向金融科技的演进。数字经济时代到来，数字成为生产要素，互联网金融等金融科技发展成为数字金融。Ozili（2018）将“数字金融”的含义界定为通过互联网、个人电脑、移动终端提供的金融服务，具有包容性和普惠性。黄益平和黄卓（2018）指出，数字金融是互联网公司与传统金融机构使用数字技术进行支付、投融资等新型金融业务模式，与互联网金融和金融科技的含义类似。主要区别是互联网金融是互联网从事金融业务，金融科技更强调技术创新和技术发展（北京大学数字金融研究中心课题组，2016），数字金融更强调金融部门的数字化，电子金融是早期金融领域使用信息和通信技术（Gomber et al.，2017）。封思贤和郭仁静（2019）认为，数字金融是将大数据、云计算、互联网、区块链、人工智能等技术与传统金融深度融合发展的新的金融服务。主要特征是智能化、网络化和信息化（封思贤和郭仁静，2019），是数字经济的重要组成部分（谢雪燕和朱晓阳，2021）。

（2）数字金融的测度

因为数字金融具有包容性和普惠性，所以数字金融的测度也被称为“数字普惠金融的测度”。数字普惠金融的测度分为三类：第一类是传统金融调查数据，包含数字金融指标，如中国人民银行发布的《中国普惠金融指标分析报告》（郭峰和熊云军，2021）、上海财经大学发布的“千村调查”数据（王瑶佩，2019；郭峰，2020）、中国农业大学发布的中国农村普惠金融调查数据（何婧，2019）、西南财经大学发布的中国家庭金融调查数据（尹志超，2018）；第二类是商业机构或研究机构发布的金融科技指数，如北京大学发布的数字普惠金融指数（郭峰等，2020）、零壹智库发布的金融科技发展指数、清科研究中心发布的中国城市金融科技金融发展指数（郭峰和熊云军，2021）、学者构建的各省份金融科技发展水平指数（李春涛等，2020）；第三类是一些机构发布的数字经济指标，如腾讯研究院发布的《数字中国指数报告》、新华三集团发布的中国城市数字经济指数、王喆等发布的全球数字经济发展指数（TIMG 指数）。这三类数字普惠金融指标中，北京大学数字金融研究中心和蚂蚁集团研究院合作编制的北京大学数字普惠金融指数最为有名，包含了 31 个省份、337 个地级市、2 800 个县的数字普惠金融指数（郭峰和熊云军，2021）。该指数的特点包括：一是参考传统普惠金融指标体系（Sarma，2008），包括数字金融覆盖广度、使用深度和数字化程度 3 个维度、33 个具体指标；二是使用对数型功效函数法无量纲化处理，缩小各指标之间产生的误差；三是采用了主观赋权与客观赋权相结合的方法计算出数字普惠金融指数。

2.3.2 数字金融促进经济发展

一是数字金融缓解融资约束，促进经济高质量发展。传统金融出于风险考虑偏爱给大企业提供贷款（宇超逸等，2020），中小微企业存在金融排斥，数字金融降低了金融机构与小微企业的信息不对称，缓解融资约束（Fuster，2019），促进经济高质量发展（庞加兰等，2023）。二是数字金融推动产业升级，促进经济高质量发展。数字金融促进企业数字化转型，企业智能制造能力增强，促进产业转型升级（Bruhn & Love，2014），推动经济高质量发展（张庆君和黄玲，2021；徐伟呈和范爱军，2022）。三是数字金融推动创新创业，促进经济高质量发展。数字金融降低交易成本（Yin，2019），提高金融运行效率（Huang，2018），增加金融服务的可得性（Chen，2017），推动创新创业（钱海章等，2020），促进经济高质量发展（张高明等，2024）。四是数字金融推动技术创新，促进经济高质量发展。数字金融提升企业实质性和结构性创新能力，让企业走出“低端锁定”困境，促进经济高质量发展（赵丽，2022）。五是数字金融推动居民消费，促进经济高质量增长。数字金融的收入效应（晋铭铭等，2024）、融资效应（杨东，2018）扩大了居民消费规模，改善了消费结构，增加人民幸福感（钱雪松，2022），促进经济高质量增长（项圆心，2023）。

2.4 研究述评

随着科技发展，科技与金融融合发展不断演进，从传统金融对科技企业的支持（科技金融），到科技企业使用科学技术从事金融服务（金融科技），再到数字经济时代的数字金融，作为服务实体经济的金融，其数字化程度不断提高，对实体经济的发展更加重要。已有文献研究了科技金融的含义、运行机制、运行模式、效率测度，金融科技的含义、形成逻辑、作用机制、风险特征、风险类型、金融监管，数字金融的含义、测度、创新和促进经济发展。在对科技金融的研究中，因为西方发达国家金融市场发达，市场经济体制完善，金融高效率，科技金融运行模式研究成果较为丰富，但是关于科技金融的含义、运行机制和运行效率的研究较为缺乏。在金融科技的研究中，西方发达国家征信体系较为完善，鲜有研究金融科技风险的文献，研究文献主要集中在金融科技的形成逻辑和作用机制方面。而中国征信体系不完善，金融科技风险较大，金融科技平台跑路现象频发，研究文献主要集中在金融科技风险分析和监管。在数字金融的研究中，西方发达国家的研究主要集中在数字金融创新，而中国因为金融资源匮乏，研究文献主要集中在数字普惠金融的测度和经济效应。纵观国内外研究文献，主要是从科技与金融融合的某一个视角研究科技与金融融合发展，鲜有文献从科技金融→金融科技→数字金融整个金融创新演进视角研究科技与金融融合促进经济发展、风险和监管，而中国科技与金融融合发展应用规模全球最大，为本研究提供了理论研究的空间和实践基础。

第3章

相关概念和理论基础

3.1 相关概念

3.1.1 科技金融

科技金融是以政策性金融为主导，引导银行、证券、保险等金融机构和创业投资等社会资本，搭建服务平台，改善金融服务，创新金融产品，促进科技与金融融合，为科技企业提供金融支持的政策和制度的系统安排。强调了科技金融的综合性、社会性和创新性（赵昌文，2009）。

3.1.2 金融科技

金融科技是科学技术带来的金融创新，对金融服务、金融机构和金融市场产生影响，从而出现新产品、新应用和新业务模式，既包括前端的业务模式又包括后端的技术（金融稳定理事会，2016）。

3.1.3 数字金融

数字金融是将大数据、云计算、互联网、区块链、人工智能等技术与传统金融深度融合发展的新的金融服务。主要特征是智能化、网络化和信息化（封思贤和郭仁静，2019），是数字经济的重要组成部分（谢雪燕和朱晓阳，2021）。

3.2 理论基础

3.2.1 金融结构理论

金融结构理论由 Goldsmith（1969）在《金融结构与金融发展》一书中提出，把一国的金融结构通过下面几个指标进行数量描述：一是金融相关率，是现存金融资产总额与国民财富之比，反映金融上层建筑与经济基础之间的关系，是一国金融结构的基础；二是金融结构的构成比例，是资产总额和负债总额在主要经济部门和各种金融工具的分布比例；三是金融结构的机构化程度，分为金融机构资产占全部金融资产总额中的比重、各种金融机构资产占全部金融机构金融资产总额中的比重、占几种主要金融工具余额的比重，以及全球各国金融结构的差异。世界范围的金融结构分为三种类型：第一类金融结构发展处于初级阶段，金融相关比率比较低，商业银行在金融结构中占主要地位；第二类金融结构较第一类金融结构的主要区别是金融中介比率较高，投资率和储蓄率较低，政府和政府金融机构发挥重要作用；第三类金融结构金融相关比率较高，股权证券比例上升，金融机构多样化，银行体系地位下降，储蓄机构和保险组织地位上升。各国金融发展程度体现在金融结构的差异上。

3.2.2 金融抑制理论

金融抑制理论创立于 1973 年，代表性人物是麦金农（Mckinnon）和肖（Shaw）。金融抑制理论认为，金融体系能够进行金融资源跨时空配置，通过评价、筛选，把资金提供给研发能力强的企业，促进技术创新和资本积累，推动经济发展。发展中国家普遍存在“金融抑制”，金融体系发展滞后，集聚金融资源的能力下降。科技金融的作用机理是动员储蓄、降低信息成本、规避创新风险。①动员储蓄。发达的金融体系通过降低交易成本、完善风险控制机制和增加流动性，动员储蓄，实现金融集聚，为经济增长和工业化提供大量资本。麦金农认为，技术创新和投资不可分割，金融体系推动技术创新，资金约束限制技术创新。②降低信息成本。金融抑制增加信息的获取成本，评价科技项目变得困难，资本市场功能下降，银行成为资源配置的主要工具。③规避创新风险。科技创新具有高风险，金融体系流动性有利于投资者金融资产变现，投资组合有利于分散风险，促进创新投资（赵昌文等，2009）。

3.2.3 经济长期波动理论

Nikolai D. Kondratieff（1925）在《经济生活中的长期波动》一书中提出资本主义经济存在平均长约50年的长期波动，上升期和下降期大约都是25年，把资本主义18世纪80年代到20世纪20年代130年的经济史分为两个半周期，第一个周期为1780—1810年（上升期）和1810—1844年（下降期），第二个周期为1844—1870年（上升期）和1870—1890年（下降期），第三个周期为1890—1914年（上升期）和1914年之后（下降期）。熊彼特进一步指出了经济周期发生的原因是技术进步和企业家精神，技术进步促进发明创造，企业家具有冒险精神，为了获得超额利润不断通过技术创新进行“创造性破坏”。徐则荣和屈凯（2021）进一步用长波理论分析五次经济长波。第一次长波是英国第一次工业革命中技术创新使产业不断升级，在经历工业化繁荣时期后，制造业和纺织业严重过剩进入经济衰退期。第二次长波是铁路化促进交通运输业的发展，随着钢铁和铁路生产过剩爆发了经济危机。第三次长波是电力技术和内燃机的发明改善了生产技术和生产环境，创新技术的“蜂聚”效应推动新一轮的繁荣，然后是电气化时代生产过剩进入1929—1933年的“大萧条”。第四次长波是电子技术和汽车工业发展，第三次产业革命促进了经济繁荣，在经历两次石油危机后，技术创新进入低潮期，出现“滞涨”问题。第五次长波是信息技术发展促进信息技术产业升级，经济繁荣后的脱实向虚导致经济衰退。

3.2.4　熊彼特创新理论

1932 年熊彼特提出创新理论，1939 年和 1942 年又进行了补充，形成了熊彼特创新经济学理论。熊彼特认为，创新就是建立一种新的生产函数，是生产函数的新组合，包括资源创新、技术创新、产品创新、市场创新和组织创新。发明是新方法、新工具的发现，创新是对新方法、新工具的运用，创新是资本主义发展和经济增长的源泉和动力，没有创新就没有资本主义的发展。拥有聪明才智的商人会通过信贷，先成为债务人，然后成为企业家，再走向成功。信贷是生产要素的新组合，一是企业建立需要信贷资金，二是旧组合正是通过信贷的获得成为新组合。信贷推动技术创新，技术创新发展了现代化的工业体系，没有信贷就没有现代化的工业体系。信贷对创新的重要作用是为生产要素的重新组合提供购买力，这种购买力不是来自银行票据抵押和贴现，而是由银行信用创造和提供。金融机构引导实体经济，培育企业家精神，激发科技创新。

3.2.5　索洛新古典经济增长理论

索洛认为，资本增加率、劳动增长率、技术进步率是决定经济增长率的三要素，构建了测度技术进步对经济增长贡献率影响的索洛模型。1956 年索洛和斯旺构建了经济增长模型，形成了新古典经济增长理论，在经济增长理论长期处于主导地位。索洛模型修正了 Harrod 模型的生产技术假定，得出资本的边际收益递减规律，并通过实证检验得出，技术进步是促进美国劳动生产率提高的核心因素。为了弥补资本不足，需要吸引外部资金，这就需要完善投资环境、金融体系、资本监管、法治环境、信用机制、金融市场基础设施，更多引进长期资本。技术创新是经济增长的基本因素，经济增长依赖技术进步，但是技术创新收益具有外部性、非独占性，易导致市场失灵，技术创新的资源配置滞后于经济发展，技术创新的市场供求失效。适度的政府干预能推动创新，政府需要通过法律、税收、金融、政府采购等手段对创新活动进行干预、引导和调控，以促进技术进步，推动经济发展。

3.2.6　R&D 内生经济增长理论

R&D 内生经济增长理论的代表人物是 Romer、Grossman 和 Helpman，以及 Aghion 和 Howitt。主要观点是“知识溢出”模型和知识外部效应。Romar、Grossman 和 Helpman 将技术进步内生化，构建了不完全竞争一般均衡模型，认为技术进步促进了中间产品数量的增加和质量的提高，推动生产率增长。Romer 认为，知识是促进经济增长的第三要素，具有溢出效应和外部效应。资本投资于知识，提高经济效益和经济增长。技术创新出于利润动机，技术的排他性和非竞争性激励更多的生产要素投入研究与试验发展（R&D）中，带来规模收益递增。Grossman 和 Helpman（1991）提出横向产品创新。R&D 投资增加了产品种类和数量，知识的共享性降低了 R&D 创新后续研究成本，促进了内生性创新，推动了经济增长。Grossman 和 Helpman（1992）提出了纵向产品创新，即创新源于研发活动，提高了产品质量，垂直创新是质量阶梯，每次创新都带来准租金。政府支出具有增长效应。

第 4 章

科技与金融融合分析

《“十三五”国家科技创新规划》要求完善科技与金融融合机制，建设国家科技金融创新中心。2017 年微众银行获得国家高新技术企业认定资格，成为国内唯一的国家高新技术企业资格认证的商业银行（杨芮，2018）。科技与金融融合有利于科技创新和科技成果转化，但科技与金融融合的高风险抑制了科技与金融融合。李克强强调要高度警惕互联网金融风险。党的十九大报告提出：“健全金融监管体系，守住不发生系统性金融风险的底线。”本章试图对科技与金融融合机制、风险及治理进行研究。

4.1 科技与金融协同演化

科技与金融通过技术流、信息流、资金流紧密结合，协同演化。一方面，科技活动从研究、开发、试生产、市场化阶段，都需要金融支持（Bencivenga，1995）。在企业生命周期的不同阶段，科技主体面临的风险、融资成本、资金规模具有不同的特点，需要相适宜的金融机制（Perez，

2002）。金融主体对科技主体不仅是流动性供给（Colombo，2011）、缓解融资约束（Schumpeter，1912；Brown，2012；Tian，2012）、分散风险（Mudambi，2016）、引进国外技术（Tian，2012；芦锋，2015；易信，2015）、优化人力资本效率（Chemmanur，2014）、价值发现（Mudambi，2016），还通过对科技主体进行信息审查、资金使用监督、风险管理，优化资源配置，完善科技企业治理（Saint，1992；King，1993；Aghion，2005；Chou，2006），科技主体越来越依赖金融产品、服务、制度创新（Hyeok，2007；Mudambi，2016）。另一方面，科技是第一生产力，目标是实现第一竞争力（赵昌文，2009）。技术创新促进金融发展（Schumpeter，1912），技术变革激发了金融创新，优化了金融机构的业务流程、运作机制和运作方式，促进了金融服务的网络化、电子化（Frame，2009；李健，2014），科技创新活动使投融资更具效率、完善资本市场、降低交易成本、优化信息交换、便利监督，促进金融创新（李丛文，2015），基于此，金融稳定理事会提出了“金融科技”（FinTech）的概念（Chiu，2016）。目前的金融科技主要应用在互联网金融（李扬，2018）。互联网技术增加了投融资资产端和资金端的供给规模和范围（杨东，2018），升高金融资本报酬率，推动金融产业发展（Doh，2014；Kübra，2016），更多的金融资本投放到科技创新主体，进一步推动科技创新，以及金融工具和金融服务创新，实现了科技与金融协调发展（HPo - Hsuan Hsu，2014）、相互推动（Arner，2017）。

4.2 科技与金融融合的生命周期理论

科技企业在生命周期的不同阶段投资风险和投资价值与传统企业有很大的不同，资本需求数量、融资方式存在巨大差异。科技企业的生命周期分为种子期、初创期、成长期和成熟期（赵昌文，2009）。

4.2.1　种子期的融资需要

种子期处在新产品、新技术的开发阶段，没有创新产品，只有实验室成果和市场前景，所以，该阶段只有研发投入，没有经营现金流，有很大的技术风险和开发风险，失败率很高。种子期是企业成立的前期，主要是试验研究需要的原材料和研发经费，资金需要量较小，需要创业者的信心和投资者的耐心、睿智。

该阶段的资金来源主要是创业者的自有资金，资金来源中自有资金占70%，还有少量的天使投资，但是天使投资回报率高达 2 000%（赵昌文，2009）。创新投资具有正外部性，创新成果很容易被模仿，个人收益较小而社会收益较大，而市场资源具有排他性。在种子期，政府的研究开发资金也是重要的资金来源，可以解决市场失灵问题。

4.2.2　初创期的融资需要

初创期是种子期的创新项目成果通过创业向产业化转变阶段。该阶段的资金需要主要是产品开发和销售市场开发，“中试”和广告宣传也需要资金。该阶段还不具备大批量生产能力，产品单位生产成本较大，企业仍然处于亏损状态，但随着销售量的不断增加，产品成本降低，销售收入增加，亏损越来越小，该阶段的风险已经从种子期的技术风险转向市场风险。因为市场风险的存在，新产品的销售收益具有很大不确定性，财务风险较大。

该阶段融资仍然较为困难，除了创业者的自有资金外，主要的资金来源是上下游产业链贸易融资（鉴定贷款），政府基金引导和风险投资也是重要的资金来源，其他的融资渠道还包括民间借贷、互联网金融、内部职工集资、担保贷款。

4.2.3　成长期的融资需要

成长期产品得到市场认可，销售能力增强，市场份额提高，经营现金流增加，产品竞争力不断增强，市场的开发和生产规模不断扩大，企业的主要风险是经营管理风险和资金需求缺口导致的投资不足风险。该阶段有形资产抵押品增多，业务记录增加，产品声誉良好，财务披露规范。

该阶段融资渠道多样化，根据“盈利但现金短缺”原则，商业银行贷款增加，以分得科技企业的创新收益，科技企业也偏爱选择商业银行贷款，因为债务不具有股权稀释作用。因为盈利增加，内源融资也是重要的资金来源。其他的融资渠道还有风险投资、政府基金、贸易融资、互联网金融、民间借贷，随着企业的不断发展，政府投入减少。

4.2.4 成熟期的融资需要

成熟期科技企业已经从中小企业发展成大企业，经营业绩、知名度都达到了空前的规模，营销服务、技术水平、经营管理、组织结构、人才素质都发生了质变。但是该阶段产品市场饱和，产品利润率降低，新产品市场竞争压力较大，主要面临转型风险，需要整合资源、创新变革，寻找新的利润增长点。

创新转型需要大量资金，因为经营业绩稳定、资产规模较大、经营现金流充沛，该阶段融资能力较强，偏爱长期债务融资，因为对信用等级影响较小，商业银行贷款主要是授信额度贷款。规模较大的科技企业积极进行主板市场融资和创业板市场融资，资产证券化、员工认股、债券发行都是常用的融资形式。资本市场和投资银行的金融服务更为重要。

4.3 科技与金融融合机制分析

4.3.1 合作机制

科技与金融协同演化的目的是金融服务、技术创新一体化，包括供求主体之间的合作和内部合作。一是供求主体之间的合作。科技和金融主体通过参与式、交互式学习，能够熟悉对方业务知识，获得对方更多的信息源，降低了双方信息不对称，也增加了自身的开放程度，并建立信息共享机制，有利于科技与金融融合。科技企业在初创期高风险能够得到政策性金融支持，高收益能够得到天使投资和风险投资的资金支持，成长期良好的经营前景使其能得到银行的科技贷款，成熟期除了能够获得科技贷款，也能够获得资本市场的金融支持。二是供求主体内部合作。金融产品和金融服务是稀缺资源，制约科技创新水平，产学研主体会优先选择与竞争力强的科技企业合作，以竞争有限的金融资源。商业银行客户面广，有大量的信贷交易信息，风险投资机构对特定客户和细分市场有更深入的研究，商业银行和风险投资机构信息共享，可以降低与客户信息不对称，减少风险损失。不同的金融机构提供的金融产品和金融服务不同，金融机构投资战略联盟能够满足不同客户融资的差异化需要，为科技主体提供适宜的融资服务。多个投资金融主体共同提供金融服务，能够分担信贷风险，比如商业银行为科技企业提供贷款，如果有担保公司、保险公司加入，可以共同承担信贷风险损失，并共享收益。

4.3.2　资源配置机制

因为资源的有限性，国家要制定产业政策目录，对重要行业、优先发展领域的科研项目给予政策性金融支持，这样可以调整研发主体的成本收益预期，增加创新主体的创新积极性和资金投入，引导资源优化配置，解决资源配置中的市场失灵和市场残缺问题。市场机制是科技和金融协同的主体，通过供求形成金融资源要素市场价格（利率），要素市场价格也进一步影响资源要素供求。科技企业在种子期和初创期，虽然投资风险较高，但是收益高，一旦创新成功，投资将获得巨额利润。风险投资是主动追求高风险高收益的权益资本，在资本配置中，科技企业让渡了部分剩余控制权和剩余索取权，风险资本家作为技术专家、管理专家和金融专家参与企业经营管理，保障企业良好运营，顺利上市，并使用多种证券工具对科技企业进行监督，如优先股、可转换债券、创投公司联合投资、分阶段投资。分阶段投资具有相机治理功能，当科技企业发展较好时，风险投资资本家提供后续投资，当科技企业发展受阻时，风险资本投资家会接管企业、换掉科技企业负责人、终止后续投资。风险投资中的监督、激励很大程度地降低了投资风险，优化了资源配置。科技企业在种子期和初创期自有资本有限，不一定能够得到风险资本的青睐，民间资本也是重要的资本来源。当利率升高时，资本供给量增加，民间资本高利率，是社会关系型融资，信息不对称低，利率定价充分考虑借款人的信用、经营状况和知名度，根据市场供求并体现风险溢价，能有效增加科技企业的资金供给。科技企业在发展期和成熟期，产品市场占有量不断提高，经营规模持续扩大，经营现金流大幅增加、经营风险越来越小，这符合银行信贷的低风险要求，银行信贷投放越多，越能从科技企业的发展中分得更多创新收益，这也符合该阶段科技企业快速扩张的资金要求。在该阶段，科技企业融资渠道更加多元化，资本市场融资成为科技企业的重要选择，资本市场融资是一种权益资本，能降低科技企业杠杆率，资本市场的多层次能够与科技企业发展周期相匹配，从区域市场→三板市场→创业板市场→科创板市场→主板市场动态融资，完善的资本市场能够吸收更多的社会资本参与，实现大众创业、万众创新，资本市场的发展也完善了风险资本的退出渠道，优化了风险资本的资源循环配置。

4.3.3 人才保障机制

科技创新和金融创新都离不开科技人才，人才是第一生产力。在《2019 全球创新指数报告》中，中国上升到第 14 名，中国经济正走向知识密集型产业，这离不开人才的保障机制，包括人才投入机制、人才开发和引进机制、人才评价和激励机制、第三方服务机制。政府财政资金在人才培养中居于主体地位，加大科技与金融人才培养的专项经费支持，加大产学研结合的人才培养主体高校和科研院所的财政投入。加强高校和用人企业的紧密合作，培养人才应该知识导向和市场导向并进，建立校企合作网络，推进校企科技与金融创新协同向纵深发展。我国的科技与金融创新与发达国家还有一定差距，要建立国家层面的创新人才引进计划和“海外留学人才工程”，缩小与发达国家的差距。人才评价不能论资排辈，应该建立起按照能力和业绩进行评价的机制，加大人才的物质和精神激励。良好的人才评价机制和激励机制能够最大激发个人和团队的创造力和研发热情，推进科技与金融创新。第三方服务机制包括科技金融研究基地、科技金融智库、科技金融创新团队、科技金融人才。第三方服务机制离不开移动互联网的参与，科技创新和金融创新融合发展不仅是高校研究机构的事情，还必须得到网络市场的支持，这样才能蓬勃发展，消费者选择是创新的核心要素（王晓初，2018），不管如何“高大上”的科技与金融融合都需要接受用户检验，互联网能够快速实现消费者选择。

4.3.4 科技评估机制

商业资本进入科技企业是出于利润动机，首先在技术上要具有可行性，需要进行技术评估。科技部等发布的《高新技术企业认定管理办法》明确规定了高新技术企业认定范围及高新技术企业评价标准。高新技术企业认定范围包括航空航天、生物与新医药技术、电子信息技术、资源与环境技术、新能源及节能技术、高新技术改造传统产业、高新技术服务业。高新技术企业评价标准包括科技成果成长性指标、科技成果转化能力、研发管理水平、高新技术企业研发投入、产品收入占比。高新技术企业评价标准仍然不能满足资本投资要求，资本投资具有利润趋向，关注的是核心知识产权市场效益。股权资本投资目标是长期资本回报及风险资本的退出机制，债权资本目标是本息收回和风险防范。而高新技术企业的核心资产是知识产权，轻资产、无固定资产抵押品，商业金融机构不愿提供信贷支持，知识产权认定成为高新技术企业获得股权投资和信贷资金的必要条件。知识产权评估缺乏统一的标准，可能会因人而异，第三方评估机构的专业团队通过资信和专业知识为投资人和金融机构提供可信的知识产权评估，但是为了提高第三方评估机构的公信力，政府部门如科技部可借助互联网技术，构建互联网第三方评估机构专家库，互联网专家库既保证第三方评估机构的公信力、权威性、专业性，又使得知识产权评估具有可行性。

4.4 科技与金融融合的主要模式

4.4.1 风险投资

风险投资，又称“创业投资”，是指专业投资机构向有发展潜力的科技型企业提供股权资本投资，积极参与经营管理和咨询服务，有明确的退出策略，通过股权转让获得资本增值收益的中长期投资。专门进行风险投资的人被称为“风险投资资本家”，接收风险投资的企业被称为“风险企业”或“创业企业”，企业创始人被称为“风险企业家”。风险投资是一种高风险和高收益并存的权益投资，科技企业的资产是专利和知识产权，不确定性较高，要经过技术研究、产品试制、中间试验、扩大生产和市场销售等进程，每一个环节都面临较高的失败风险，风险投资成功的概率只有20%（赵昌文，2009），要经历数年的持续亏损才可能盈利。风险投资是一种中长期流动性小的投资，但是一旦投资成功，将获得超额利润。

风险投资的运作流程包括资本动员、项目选择和风险资本退出三个阶段。第一个阶段是资本动员，即从资本市场筹集资金。第二个阶段是项目选择，有三个标准，即好的管理团队、良好的市场前景和高成长，然后投入资金获得股权，并给予管理和资金支持。第三个阶段是风险资本退出，风险投资不是永久资本，投资不是为了控制企业获得长期持续回报，而是在企业快速成长后退出获得超额回报。所以发达的资本市场是风险投资退出的重要渠道，风险资本退出后又进行下一个循环。

4.4.2 财政科技投入

财政科技投入是指国家通过财政拨款和税收优惠政策等直接和间接方式投资于科技活动的经费。国家财政科技投入是一项战略性投资，强化科技创新，提升国际竞争力和国家创新能力。基础性研究周期长、风险高、投入高、微观效益低、社会效益高，不符合科技企业成本效益观念。然而，基础性研究的公共物品特性能够促进经济增长和社会整体福利的改善。应用研究存在技术的外溢效应，新产品投入市场很快会被模仿，这种风险收益不匹配，会降低研发主体的创新投资热情。可见，基础研究和应用研究均存在市场失灵问题。市场机制缺乏统筹性和前瞻性，会导致低效、重复、无序投资以及投资的短视行为。在发展中国家，存在市场残缺，导致市场机制无法稳健运行，资源配置不能实现帕累托最优，政府财政科技投入能够解决创新的市场失灵、市场残缺问题。

美国的科技资源配置是市场主导模式，1953 年美国研发经费为 51.6 亿美元，联邦政府财政资金为 27.8 亿美元，联邦政府财政资金占比为 53.88%，2006 年美国研发经费为 3 404.3 亿美元，联邦政府财政资金为 942.2 亿元，联邦政府财政资金占比为 27.68%。联邦政府财政资金占比 1964 年最高（66.82%），2000 年最低（24.82%），大多数年份都在 50% 以上。联邦政府的税收抵扣额度，1990 年为 15.47 亿元，2003 年达到 54.88 亿元，13 年增长了 254.75%。可见即使在科技资源配置市场主导模式的美国，政府的财政科技投入也占有十分重要的地位。

4.4.3 科技贷款

科技贷款，指科技企业获得贷款，按照贷款的主体，分为商业银行科技贷款、政策性银行科技贷款、民间金融科技贷款和科技银行贷款。科技贷款具有风险大、成本高、信贷配给现象。中国科技贷款现状为：科技企业融资难，民间金融占有很重要的地位，商业银行科技贷款“向右走”（偏爱给生命周期后期的科技企业发放贷款）。商业银行是中国银行业的主体，科技贷款资金需要量大，是科技企业主要的资金来源，科技贷款占银行贷款的比重不断提高，成长期和成熟期的科技企业能够获得大量的商业银行科技贷款。商业银行科技贷款创新产品包括商业银行科技贷款证券化、集合委托贷款和知识产权质押贷款。科技企业融资难说明市场配置资源“无形之手”的缺陷，需要政府这只“看得见的手”为科技企业配置信贷资源。中国的政策性银行有国家开发银行、中国进出口银行和中国农业发展银行。国家开发银行科技贷款属于开发性金融，为科技企业提供开发贷款，采用“统借统还”贷款模式。中国进出口银行执行国家外贸政策和产业政策，为科技企业出口提供贷款。中国农业发展银行科技贷款包括农业技术推广和农业综合开发，支持农业科技成果转化。民间金融是正规金融的有益补充，利率高，属于社会关系型融资，但金融风险较大。在当下数字经济时代，互联网金融为科技型中小企业提供融资便利。科技银行是专门服务中小科技企业的专业银行，为高风险、高收益的中小科技企业提供信贷和股权融资。最早的科技银行是成立于 1993 年的硅谷银行，不仅发放高利率贷款，还附认股权证，以及收购股权，直接向科技企业投资，并为风险投资提供服务。

4.4.4 科技资本市场

资本市场服务所有行业的企业，但是从主板市场→创业板市场→三板市场→产权交易市场，科技企业越来越多，科技企业生命周期各发展阶段的融资需要与资本市场的层次性相匹配，只有大型成熟期的科技企业才有可能符合主板市场的融资条件，科技企业生命周期融资是一个不断升板的过程。总体来说，场外交易市场和创业板市场为科技企业提供了更多的上市融资和股权交易机会。

主板市场也称为“一般市场”，是一个国家和地区证券发行、上市、交易的场所，中兴通讯1997年就在深圳证券交易所首次公开募股（IPO）上市融资。但是主板市场融资门槛很高，一般处于发展阶段的科技企业被排除在外。2018年11月，习近平总书记宣布在上海证券交易所设立科创板。科创板市场通过股权结构、盈利状况的差异化安排，专门服务于科技企业，体现包容和平衡理念，实现融资平衡和一二板市场平衡。按照中证网讯报道，截至2020年2月，科技板上市公司数量达92家，14家正在注册。典型的二板市场是美国的纳斯达克市场，主要为科技企业提供融资渠道，纳斯达克市场具有一版、二板、三板市场功能，是多层次的二板市场，孵化了微软、IBM等科技巨头。初创期的科技企业可以到三板市场转让股权融资，也可以到区域性产权交易市场出让自己的知识产权融资，等企业规模扩大，再到高层次的资本市场融资。中国中小科技企业融资难，股权市场、债券市场不发达，中小企业集合债更适合初创期科技企业，如"03高新债"和"07中关村债"都是多家发行主体捆绑打包发行，统一命名，发行门槛低、融资成本低、筹资金额大，提升信用，降低风险。

4.4.5 科技保险

科技保险是指为了规避技术研发、成果转化和科技产品推广因为内部能力和外部环境不确定导致科技活动失败而设置的险种。大数定律是科技保险的理论基础。科技保险覆盖面广，适用于科技创新周期的每一阶段，不像风险投资、科技贷款有严格的筛选，科技保险条件宽松，按期缴纳保费就能获得保险。中国的科技保险分为人寿保险、财产保险、信用保险。人寿保险是对科研人员的人身保险，财产保险是科技企业产品责任保险和财产保险，信用保险是指出口信用保险。科技保险能够分担企业风险，促进科技创新，推动科技贷款、风险投资的快速发展。中国科技保险的险种有关键研发设备物质损失险、关键研发人员团体意外保险和健康保险、小额贷款保证保险。相较一般的保险，关键研发设备物质损失险合并了传统机损险和财产险，关键研发人员团体意外保险和健康保险放宽了科研人员意外险的年龄要求（70岁）、人数要求、区域要求（世界范围均可），小额贷款保证保险更适合科技型中小企业的融资需要，并降低借款风险。

国外的保险险种有知识财产保险、网络保险、科技创新组合保险。知识财产保险有两类，一是知识产权侵权保险，二是知识产权执行保险。知识产权侵权保险是被保险人对侵犯他人知识产权遭受赔款进行的保险；知识产权执行保险是被保险人以知识产权为承保标的，当遭受侵权时给予诉讼费支付的保险，也叫“追击型保险”。网络保险是指互联网络风险保险，涉及黑客入侵、网站责任、网站内容责任、拒绝服务、病毒攻击、商标权著作权侵权。科技创新组合保险是对特定风险提供的一系列解决方案。如药品研发成果被复制风险，美国丘博保险公司就提供了财产和第三方责任险组合。

4.5 科技与金融融合风险

科技与金融融合的风险包括科技与金融的原有风险（如科技企业的投资风险和金融企业的信贷风险）和新增风险（如互联网金融的系统性风险）。

4.5.1　科技与金融融合的原有风险

（1）投资风险

科技企业在生命周期的不同阶段都存在投资风险，包括研发风险、成果转化风险和产品市场化风险。在研发阶段存在技术创新风险和技术开发风险。由于科研人员研究能力不足，研发条件限制，以及不确定的技术前景，可能研发失败，研发阶段的成功率不足 10%。研究阶段的成功，成果仅仅是研究论文和研究报告，接着还要进行工艺流程设计和试生产，实验生产仍然存在较高的技术风险。研发成功后，还要进行成果转化，会遇到成果推广风险、市场风险和侵权风险。研发成功的产品在大批量生产时，产品、工艺、材料存在技术风险，成果推广受阻。即使克服了技术风险，新产品上市，也可能不被消费者认可，无法打开销售市场。在市场化阶段，产品占领市场后，还存在侵占知识产权风险。中国当前法制不完善，新产品、新技术已上市，很快被模仿和复制，这种“搭便车”行为很快削弱了科技企业的产品技术优势，高风险不能获得高收益。新产品上市也可能因为与竞争对手相比，技术水平较低，产品不具有成本收益优势，成本收益不匹配，获利能力不足，经营风险较大。如果企业激励机制不足、企业文化不和谐、发展前景不好，关键管理人员和技术人员跳槽到竞争对手公司，不仅带来人才流失，也会陷入经营、管理、竞争困境。科研产品上市也可能不符合国家的法律、产业政策，高能耗、高污染，企业被迫关闭，存在破产风险（韩俊华等，2019）。

（2）信贷风险

科技金融的信贷风险源于信息不对称。科技的广泛性使传统定价模式不适用，知识产权缺少交易市场，难以定价，科技资产的专用性使其无法流动变现，形成轻资产、无固定资产抵押品，信贷风险较大（Whette，1983）。银行缺少评估“破坏性创新”的专业人才，无法评估科技企业发展质量，出于规避风险考虑，银行惜贷现象出现，科技企业也因此融资难、融资贵，升高科技企业财务风险，带来投资损失和信用风险损失（Bester，1985）。科技企业资产规模小、从业人数少，财务制度不健全，公司治理不完善，信息披露不充分，经营前期只有研发投入，缺少经营收益，信用等级较低，信息不对称程度较高，信贷风险较大，出于风险、收益考虑，银行不愿给科技小企业发放贷款。依据供求规律，市场本身可以解决信息不对称导致的高风险，信贷利率提高，资金市场供给增加，因为高收益能够弥补高风险，但是，我国存在利率管制，于是资金供给不足，融资难加大了科技企业的高风险，升高科技企业信用风险。当前，动产质押成为西方发达国家信贷投放的主要形式，但中国占比较低，订单质押、知识产权质押、股权质押，中国商业银行使用较少，科技保险、科技担保机制不发达，缺少信贷风险分担机制，科技企业融资受阻，科技企业一旦资金链断裂，就带来破产风险，科技企业投资失败，导致银行信贷资金无法偿还，产生信贷风险（韩俊华等，2019）。

4.5.2 科技与金融融合的新增风险——系统性风险

科技与金融融合模糊了科技企业和金融企业的产业边界。如美国金融服务集团摩根大通（JPMorgan Chase）与网络借贷平台公司 OnDeck 进行战略合作，发展了智能贷款。国开金融收购开鑫金服、蚂蚁金服，实现金融科技创新。于是科技企业和金融企业各自的天然“风险防火墙”被打破，原有的内部风险控制系统不能适应融合后的金融科技，如互联网金融。科技主体在技术、市场、商业模式不成熟，发展中有很大的不确定性，融合后的金融科技风险就远远高于传统金融（Schwartz，2000）。科技创新使金融风险从量变到质变，大数据、互联网、人工智能、区块链等技术增加了金融风险的隐蔽性、复杂性、负外部性、传染性、突发性，操作性风险、技术性风险、系统性风险更加突出，金融风险的涉及面更广、传播速度更快。多网交织的互联网金融增加了金融产品和金融服务的风险复杂性，信息传递损失更大，加之投资者有限理性，就会通过互联网观察大数据，进行跟风投资，一旦市场发生不确定，跟进、盲从等非理性行为就会导致羊群效应，在资本市场蔓延。根据市场规律，科技与金融融合高风险也伴随着高收益，于是贷款条件更加宽松，信贷投放量增加，竞争加剧，互联网金融等金融科技迅速扩张，不法分子更会利用互联网金融进行非法集资，跑路现象时有发生，这些都很大程度地增加了科技与金融融合的风险溢出效应（盛安琪和韩俊华，2017），并很快传递到资本市场和实体经济，引发系统性风险（Stiglitz，1981；杨东，2018）。

4.6 科技与金融融合风险治理路径

4.6.1 构建信用监督体系

信息不对称是产生科技与金融融合风险的重要原因。根据《社会信用体系建设规划纲要（2014—2020 年）》，社会信用平台包括法律监督、政府规制和行业自律。法律和政府规制能够增加征信平台的权威性和公信力，通过立法规定信用平台的会员，如行业协会、科技企业、征信公司、电商平台、互联网金融、政府各部门，能快速聚集各部门各行业已有的信息数据库，使得信息更加完备。法律奖惩机制使信用记录积累成为信用资本，增加交易主体的信用自律。建立信息数据库离不开互联网技术，大数据和互联网降低了信息收集成本和供给成本，交易评价机制降低了双方信息不对称，使信用风险转变为公共资源，实现信用预警和信息共享。

4.6.2 加大政策性金融支持

科技型小微企业具有高风险，政府要通过财政补助、税率和利率优惠，分担科技企业风险成本，促进科技企业发展。政府要给予金融机构政策性补贴、税收优惠，弥补金融机构服务于科技企业的信贷风险损失，实现金融机构的风险收益匹配，增大信贷投放量。对一些社会收益大但企业收益小的科技投入，不符合科技企业成本效益原则，科技企业不愿投资，形成市场失灵。政府要对科技企业进行风险投资，给予科技企业资金和管理支持，建立地方风险投资基金，吸引民营资本进入，增大风险投资规模，实现多方风险共担和收益共享，给予失败的科技企业投资者失业补贴。虽然政府财政补贴、税收优惠、利率优惠、风险投资、风险基金增大了政府支出，但是科技企业成长壮大后通过纳税，增加政府财政收入（韩贺洋等，2017）。

4.6.3 建立科技金融服务链

科技企业不同生命周期风险特征不同，科技金融应该根据科技企业不同生命周期特征，建立相适宜的风险评估标准、方法、内部控制、经营准则、科技金融专家团队、财务专家团队，准确评估科技产品和服务技术水平、项目质量、财务状况和偿债能力，进行科学信贷决策，合理安排信贷投放规模。根据科技企业高风险特点，放宽科技企业信用风险容忍度，开发适宜的风险产品实现风险覆盖，建立科技保险和科技担保贷款制度，进行风险转移。设定浮动利率贷款，贷款利率和科技效益相结合，当科技企业在初创期，经营困难，效益不好时，采用低利率或不付息，当研发成功并适应市场需要，快速发展，效益较好时，采用高利率，覆盖科技企业在初创期的利率损失。科技企业融资难主要是科技型中小企业，政策性银行由于功能和资源限制，对中小科技企业支持有限，中小科技企业不符合大型商业银行的规模要求，中小商业银行专业能力不强，信息不对称高，出于风险考虑不愿意给中小科技企业贷款。中国亟须建立科技银行（专业银行）服务中小科技企业，如美国的硅谷银行。

4.6.4 利用区块链技术进行科技监管

科技与金融融合的典型代表是互联网金融。互联网金融具有溢出效应，极易形成系统性风险，传统的金融监管理论逻辑、监管模式、监管法律已经不能适应，利用区块链技术的大数据分析，具有金融风险预警功能，监管法律内嵌入区块链技术，进行代码执法，能够提高执法效率，减少执法腐败。具体做法是，对科技与金融融合交易信息，利用区块链、大数据、人工智能、互联网技术进行风险识别和评价，根据监管经验和规则，制定风险预警线，通过监管系统自动风险预警，实现监管方式去中心化，进行动态监管、数字监管、时时监管。立法者还要建立与科技和金融融合风险（如互联网金融风险）相匹配的法律法规，内嵌入区块链技术，实现科技监管自动执法（韩俊华等，2019）。

第5章

大数据时代科技与金融融合分析

大数据和互联网技术被称为“第三次工业革命”，快速地推动经济转型和金融发展。互联网是最有活力的通信技术，组织、协调、监督经济运行，是经济运行的中枢神经系统。商品和服务的生产、传输和供给离不开互联网通信技术。互联网也推动了金融创新，开发出与互联网相匹配的全新金融产品和金融服务，服务新经济。历史上每次技术进步都推动了金融创新，新技术与新的融资方式相结合，如蒸汽火车的创新诞生了股票交易市场，电力和钢铁技术的创新催生了国际金本位制，石油精炼技术创新催生了跨国金融机构和衍生金融产品，生物技术和信息技术的创新催生了风险资本和养老基金（李健和马亚，2014）。当前大数据加深了金融产品和金融服务的科技化程度。金融产品和金融服务通过计算机系统进行交易，货币资金的手工支付转变为电子脉冲传输，以光速在全球24小时进行支付、划拨和转移。大数据、互联网构建了金融体系全新的营业模式和管理方式，自助服务、网上银行和电子货币降低了金融产品和金融服务的交易成本，互联网金融、移动金融实现了金融脱媒，投融资主体直接见面，降低了客户的融资成本。大数据带来金融服务信息化、金融组织扁平化、金融组织边界模糊化，大数据和云计算让海量金融数据信息化、知识化，形成信息仓库，很大程度上提高了金融服务质量、效率，降低了服务成本。习近平总书记在党的十九大报告中指出，“数字经济等新兴产业的高速发展，已经成为我们过去五年的主要增长点”。数字经济时代的数据就像工业革命时期的资本一样，带来了全新的数字文明。科技与金融联系密切，形成科技金融，优化资源配置，促进了经济发展，也为金融市场带来了全新的风险，给金融监管带来挑战。区块链是推动大数据发展的基础设施，是下一代互联网的基础技术，区块链技术的自信任、防篡改、可追溯、信任网络、去中心化、共享机制、代码表达（巩世广和郭继涛，2016）是匹配大数据、互联网风险金融监管的关键技术。

5.1 大数据时代科技与金融融合推动经济发展

5.1.1　科技与金融融合推动科技创新

科技与金融融合推动科技创新机制包括四个方面：金融支持、项目筛选、化解项目风险、项目监督（巩世广和郭继涛，2016）。“科技金融是创新驱动发展的助推器，是大众创业万众创新的有力支撑”（李克强，2017），科技创新的高收益、高风险、高投入、高增长、长周期放大了科技企业的资金需要，增加了科技企业的资金约束。在大数据时代，科技与金融融合发展的典型代表是互联网金融，互联网金融的低门槛为科技企业提供了生产机会和创新活力。科技资金投入前，金融机构先要进行项目筛选，评估企业家“破坏性创新”能力以及科技项目在技术上的可行性，互联网金融能够依靠互联网即时获得信息，有利于筛选优质项目。互联网金融的流动性能够提供更多的长期资本，有效降低创新流动性风险，资产投资组合策略能够有效降低收益风险。科技创新高风险、高收益满足更多风险偏好者的投资需要，为了实现收益风险匹配，科技金融机构需要严格进行项目风险收益评估和项目执行监督，互联网金融能够提供信息平台支持，增加风险收益评估的准确性以及项目监督的效率，有利于科技创新。

5.1.2 科技与金融融合促进经济发展的特点

互联网金融是互联网企业从事金融活动（马云，2013）。互联网金融强调客户方便、低成本、优质服务，有利于经济发展。

（1）金融脱媒

金融脱媒是指互联网金融凭借互联网优势，利用计算机云计算，消除了传统金融机构服务环节，实现资金供需方直接交易，以实现期限、利率匹配、风险分担，高效、快捷、优质服务、低成本。传统金融机构网点设置成本、运营成本、管理成本巨大，互联网金融运营成本仅是传统金融机构成本的千分之一（陶娅娜，2013）。资金供给成本和交易成本更低，互联网没有时空限制，能够随时提供服务，市场充分有效。互联网运营效率高效，如第三方支付。第三方支付公司代替大量客户与金融机构进行二次结算，实现规模经营，降低了清算边际成本。互联网金融具有开放式、互动式群体参与，组织机构扁平化，客户平台化特点，并能利用数据挖掘功能发现潜在客户和需求，拓宽了金融市场。

（2）降低信息不对称

互联网金融投资主体多样化，打破了长期传统金融机构的垄断，实现了公平竞争，利率市场定价。互联网金融吸引了大量投融资者，利用互联网交流平台，社会公众（包括投融资者）对某一交易主体进行信用评价，使得个人信用公开化，隐性信息显性化，分散信息聚集化，投融资者能够信息对等和均等，市场信息流动性强、透明度高。互联网传播投融资者情绪，并作用于资本市场，使得股票价格可预测，互联网金融对大数据具有分类、整理功能，使得市场定价更高效，降低了信息不对称。

金融交易的障碍来自陌生人之间的不信任，这需要保证互联网信息的真实性。互联网金融赋予人们发布信息的权利，也赋予了信息需求方鉴别虚假信息的主动权，互联网金融市场的价格发现功能构建了虚假信息淘汰机制，抑制了虚假信息的生成，保证了互联网信息的质量。

（3）金融广覆盖

金融产品和金融服务是稀缺资源，国家出于战略考虑，传统金融机构多集中在大城市、发达沿海地区，对于中小城市、中西部地区，尤其是农村，金融排斥严重，在很大程度上抑制了国民经济和科技的健康发展。互联网金融不需要网点设置成本、设备购置成本、人工费用、纸面货币交易，也不需要自动取款（ATM）机，通过电脑、手机进行网银转账，实现 7×24 小时不间断、全方位全球覆盖。2013 年中国人民银行建成移动互联网金融公共平台。《中国互联网发展报告 2018》显示，到 2017 年，中国网民规模达 7.72 亿人，第三方互联网支付交易规模达 173 万亿元，互联网金融已实现全民覆盖（王黎华等，2016；刘曦子等，2017）。

互联网金融投融资门槛低，与科技金融相匹配，如余额宝、现金宝、零钱包等理财工具，既满足了小微弱势群体的投资需要，又能快速集聚储蓄资金，贷放给科技企业，服务于科技，实现对科技企业信贷、投资、支付全覆盖。

（4）可持续

为了缓解科技融资约束，构建了传统微金融机构。福利学派主张，政府应该通过微金融给予科技企业更多的补贴，扶持其发展，微金融具有福利特征。制度学派主张，如果科技企业获得政府补贴，就会形成福利依赖，失去发展动力，微金融应该以营利为目的，不然难以生存，不具有可持续性。

互联网金融实现金融脱媒，降低信息不对称，金融广覆盖，快捷提供金融产品和金融服务。互联网海量数据收集功能、云计算海量数据处理功能、网银服务的全覆盖功能以及标准化的技术处理技术，降低了信息收集、加工、识别成本。互联网金融投融资门槛很低，能够满足弱势群体的投融资需要，具有普惠性。互联网利用自身优势，建立客户信用平台，为客户评价、授信、增信、决策提供可靠依据，降低了信用风险和坏账损失，以低价格、高效率保障了盈利和福利双得，与客户构建了利益共同体，实现了金融服务可持续发展（王黎华等，2016）。

5.1.3 科技与金融融合推动经济增长路径

科技与金融融合推动经济增长路径包括五个方面。一是提升经济增长水平。互联网金融实现金融脱媒，投融资者直接见面，交易成本低、信息对称，优化资源配置，有市场前景的新技术能够得到更多的资本配置，把科研技术转化成高科技产品，实现科技创新，引导产业方向，形成产业价值链，提升经济增长水平。二是优化资源利用效率。科技进步能够依靠大数据、云计算、互联网优化资源利用效率，缩短要素资源投入产出时间，供产销联网管理，互联网金融融资快捷、广覆盖，抑制技术创新动力疲软和边际效率下降，促进生产要素重新组合，优化资源利用效率。三是实现绿色增长。科技金融投入能够通过技术创新利用大数据、云计算、互联网监督，减少污染排放，增强治污能力，降低环境污染，实现经济的可持续增长。四是稳定经济增长。科技与金融结合的互联网金融能够实现金融资本脱虚向实，防止经济泡沫，抑制经济波动，防止金融风险以及经济危机，稳定经济增长。五是改善人民福祉。经济增长的最终目的是改善人民福祉（巩世广和郭继涛，2016）。科技金融能够通过科技创新和资金投入创造出更多的产品、服务种类，增加社会产品和服务的总量和质量，互联网金融本身就方便了人们的生活，居民的支付方式、投融资更加容易，有利于经济发展。

5.2 大数据时代科技与金融融合风险

科技金融广泛应用后，网络、技术、金融风险更为复杂，风险相互叠加和扩散。风险类型主要有市场风险、技术风险、信用风险、监管风险。

5.2.1 市场风险

互联网金融的多网交织增加了系统的复杂性和金融世界的不确定性，投资者有限理性和信息传递损失降低了投资者风险识别能力。投资者更喜欢通过大数据、互联网观察别的投资者行为，产生跟进、盲从等激进行为，从而导致集体层面的非理性决策，羊群效应出现，市场处于失衡、无序状态，并迅速通过互联网在资本市场蔓延、传播，加重了资本市场的脆弱性。根据“代际遗忘”理论，互联网金融产品高收益会快速导致互联网金融产品扩张（余额宝就是很好的例子），非法集资现象增加，跑路现象发生，互联网金融信贷市场也会面临巨大压力，竞争更加激烈，贷款条件更为宽松。互联网的普及性会导致信贷投放急剧增加，风险累积迅速，因为互联网金融的溢出效应，这种风险累积也会很快传递到实体金融部门和资本市场，形成系统性风险。

5.2.2 技术风险

技术的破坏性创新和急速增长为大数据时代金融提供了先进的技术服务，从而产生技术依赖，其技术缺陷也因此带来了互联网金融风险。一是由于数据多中心化、多元数据共享机制缺失、数据互联技术制度障碍，个人交易者不能充分获得交易信息，降低了交易者的决策能力。二是由于互联网金融运行依赖信息技术，其分散式账户有可能通过网络被恶意复制、篡改，在信息的处理和传输过程中任何一个节点错误都可能损害整体结构安全，互联网金融的海量数据会引起信息体量、容量爆炸式增长，计算机按照错误的程序执行、处理错误信息，风险会被快速放大。三是由于没有真正建立多元信息共享机制，部门条块分割，数据主权和对等管理权力模糊，信息共享无法实现，互联网金融的低门槛使交易者借旧账还新账成为可能，庞氏骗局风险升高，产生信用隐患。

5.2.3 信用风险

根据《巴塞尔资本协议》，科技与金融融合的风险主要是信用风险（王仁祥，2016）。科技企业获得融资后，研发是否成功，研究成果能否满足市场需要，打入市场能否产生经济效益，每一环节均有高度的不确定性，在很大程度上影响了科研创新，一旦研发失败，就不能偿还银行贷款，带来信用风险。科技创新活动是一种开创性活动，在研究阶段，由于企业科研能力、技术水平、融资约束，都可能导致研发失败。即使研发成功，由于管理不完善、财务制度不规范、技术不完善，也可能导致科技成果不能转化成科技产品（汪泉和曹阳，2014），中国在基础性研究到产品开发阶段，失败率高达 90% （赵昌文，2009）。科研技术即使形成科技产品，但是由于科技创新未知和信息不对称，科技产品是否能够满足市场需要具有很大的不确定性。科技产品进入市场后，因为市场不确定、科技进步，产品不符合成本效益原则，不能产生大量利润，补偿研发和科技成果转化成本，导致亏损，没有足额的现金流偿还债务，信用风险导致科技与金融融合失败。

5.2.4 监管风险

大数据金融监管技术发展滞后。第一，监管方式滞后。大数据金融业态下，交易模式、交易数量、金融消费节点复杂，增加了监管者的信息不对称，数字货币、智能合约等区块链技术的应用，使人工监管成为不可能。数字货币带来了个人隐私和数据安全法律问题，数字货币在远程通信中与其他平台、设备交流存在安全问题，数字货币等新的金融业态金融风险涉及面广、传播迅速，会导致风险集聚，形成系统性风险。第二，监管法规滞后。传统的监管方式已经不能应对大数据金融风险，区块链去中心化会产生欺诈等违法行为，而当前着眼于中心化的监管法律已严重滞后（杨东，2018）。现有的监管法律的立法依据是事实，而新型金融业态的金融风险存在于数据，现有的监管法律制定耗时过长，而新型金融业态创新速度较快，预测科技金融发展中新的不确定性成为法律制定的难点。

5.3 区块链技术型塑科技金融风险监管

5.3.1 区块链的数据交换信用创新

大数据时代科技金融的市场风险、技术风险、信用风险、监管风险归根到底均是信息不对称导致的信用问题。区块链的核心机制是信任，区块链是自信任、防篡改分布式账簿记录系统。信息数据都能够在区块链上进行加密记录，交易匿名、快速、直接。使用多签名权限管理，使得无法通过少量节点进行数据删除或篡改，解决了陌生人之间的信任问题。区块链是一种新的信用创造方式，区块链通过共识数学算法建立信任网络，使用技术背书完成信用创造，每个节点之间的数据交换通过点对点网络实现同步记录，信息得到分布式共享，降低了信息不对称。区块链具有去信任、去中心化特征，每个节点权利和义务均等，不需要中心化组织管理，防止了人为篡改，通过算力和算法保障记账信用。区块链的数据信息具有可追溯性，使用算法验证和工具查询能够完整、准确获得交易者信用记录及账户信息变更记录，保证了信息的真实性，区块链技术的信用创新降低了信用风险（王洁等，2018）。

5.3.2　基于区块链技术的科技与金融融合风险监管

区块链透明的共享账簿等技术能够自动风险预警，让监管者在风险爆发前及时处理。

（1）区块链的监管科技

监管科技（RegTech）是指由于新技术的出现，监管机构能够对数据库中的数据进行分析、提取，制定科技监管程序，实现监管系统自动监管，实时预警。

数字经济时代的科技与金融融合风险监管，需要运用大数据、云计算、互联网、人工智能、区块链技术，提升科技金融基础设施水平，设立技术指标规范科技企业，利用先进技术提高监管效率，降低监管成本。要实现区块链技术监管，监管机构需要制定完善的监管法律，还要通过代码和共识机制，将监管内化到网络化的分布式记账系统内，实现监管去中心化。巴塞尔协议要求，银行需要监测、报告流动风险，统计、估值净稳定资本比率和流动性覆盖率，以达到合规目标。金融稳定理事会要求，金融机构需要从抵押品、运营数据、交易价格、对手、事件数量方面，收集汇总金融集团结构化数据。然而银行和金融机构由于 IT 系统不兼容、监管规则与业务流程不匹配难以完成巴塞尔协议和金融稳定理事会要求。区块链可以通过身份验证、场景分析、风险建模、数据聚合、实时监管，利用 RegTech 服务监管机构，改善数据从金融消费者等市场主体向监管者的流动，降低信息不对称，防止信用风险。

（2）区块链的技术监管

区块链技术能够对金融机构的运营能力和风险金融实时、准确评估，监管机构能够根据区块链提供的交易信息风险情况进行监管创新和监管决策。

第一，重构区块链技术监管理念。监管者要从“准入监管”转向“行为监管”，监管重点是金融业的合规运行、信息披露、风险控制等，在日常交易监管中，所有交易数据都要在区块链上同步记录、多签名权限管理，保证信息的不可篡改。要更多地关注例外情况，分析大额交易及交易主体信用等级，决定是否限制交易。建立区块链技术监管体系，进行数字监管、动态监管、实时监管，实现监管方式“去中心化”。

第二，优化监管基础设施。监管机构建立灾难恢复、数据加密、入侵检测、防火墙等网络安全设施，定期监测，关注电子认证风险、第三方支付风险、数据信息验证风险，进行管理制度创新，保障监管系统安全运行。建立数据脱敏机制、加密机制、使用机制，对纳入共有链的个人交易信息、账户信息、资金信息进行授权节点确认，保护个人隐私及数据的真实性，完善交易人基础数据，增强事前风险监管能力，抑制信用风险的发生。

第三，利用区块链技术进行风险预警。监管机构对区块链技术收集到的数据信息，依靠大数据、云计算、互联网、人工智能、区块链等新技术进行风险识别、风险分析和分析评价。区块链结算体系是全方位数据库，通过结合金融机构的交易信息分析，能够评估金融机构风险，根据监管规则和监管经验建立风险预警机制，制定风险预警线。一旦风险达到预警线，监管系统自动风险报警，监管机构立即采取措施，防止风险的发生。

（3）区块链技术的法律监管

区块链技术的自信任、防篡改、可追溯、信任网络、去中心化、共享机制、代码表达，保障了信息的不变性、安全性、透明性，弥补了法律治理的缺陷。但是区块链技术是由人设计和使用的，某些方面不可避免地体现了人的主观因素，会因为自利、攻击、操纵行为存在风险。区块链技术本身存在法律风险，与已有法律相冲突，区块链的电子信息所有权、电子数据拥有人、区块链技术的匿名性存在监管法律空白。区块链数据不准确、被破坏，区块链技术被限制，均需要法律的治理和规制。可见，区块链系统既是计算机技术问题，又是法律规制问题。大数据、云计算、互联网、区域链是一种全新的科学技术，不能套用传统的法律监管路径，否则会抑制科技创新，带来监管的混乱和新的不确定性。监管者首先要在区块链技术模式下制定与大数据、云计算、互联网、区域链技术风险相匹配的法律法规，降低不确定因素带来的风险，创造与新科技相适宜的监管路径。立法者还要与技术专家合作，将科技金融监管法规内嵌入区块链技术，通过代码执行法律，构造一种内嵌型、科技型金融监管，实现法律和技术的优势互补（杨东，2018）。

第 6 章

科技金融创新经济增长效应分析

党的十八大确立了创新驱动发展战略，党的十九大提出，“着力加快建设实体经济、科技创新、现代金融、人力资源协同发展的产业体系”。2017 年党中央、国务院提出，“发展完善科技金融”，李克强指出，“科技金融是创新驱动发展的助推器，是大众创业万众创新的有力支撑”。2016 年中国科技进步贡献率达 56.2%，但是，现在科技金融工作存在投入不够、创新不活、人才不足、管理不顺、认识不清等问题（石涛，2018），学者们加强对科技金融创新理论的研究十分必要。

6.1 科技创新与科技金融协同发展机理

科技创新是政府和市场主体向科技企业、高校、科研院所等创新体提供金融政策、金融产品、金融服务、金融资本的制度安排（赵昌文，2009）。政府提供的是公共科技金融，具有公共性和社会效益，不以营利为目的，强调产出效率和可持续性。金融机构、保险公司等市场主体以营利为目的，注重收益风险比较。

科技创新高风险、高投入、高收益、高增长带来不断放大的资金需求，科技金融是科技创新的必要条件，推动了科技创新。科技金融对创新项目进行审查、筛选，为优良项目提供资金，并进行事后监督管理。科技创新运行需要资金投入，其创新活动为科技金融提供了投资市场，科技创新市场的发达程度决定市场科技金融的投资规模和投资收益水平，以及公共科技金融的投入产出绩效，另外，科技创新为科技金融提供互联网信息技术和电子产品。科技金融和科技创新互利共生、协调发展，推动了知识经济的繁荣。

科技金融和科技创新通过资金供求紧密结合。科研企业、机构的创新项目需要资金支持，于是资金流从科技金融主体流向科技创新主体。市场科技金融主体提供股权、债券、可转债，并获得投资收益。公共科技金融主体提供财政补贴、税收优惠、利率优惠、投资基金等财政支持，并获得社会收益。市场金融主体是以投资收益的方式实现逐利本性，公共金融主体以经济增长的税收收入来保障政府公共科技金融的可持续性。在科技金融和科技创新的协同发展中，科技金融投资收益和科技创新产出持续增长，科技创新产出为科技金融提供了丰厚的利润。一方面，使科技创新主体产生更大的资金需要，吸引更多的科技金融投入；另一方面，市场科技金融主体投资收益的大量增长，推动了科技金融资本扩张，充沛的资金保障了科技创新主体规模增长所需资金，也为完善科技金融的经营管理和监督提供资金支持。政府公共科技金融产出的增加，促进了税收的增加，以及对科技企业财政支持的增加。

科技金融和科技创新的协同发展和财富增长，推动科技金融和科技创新更紧密、更高层次的协同。如果科技创新主体产出效益较低，科技创新就会萎缩，市场科技金融主体投资收益就会降低，坏账风险就会增大，并导致大量的科技资金退出该领域。政府公共科技金融投入产出效率下降，税收收入降低，限制了政府公共科技金融的投资和可持续发展，并影响科技创新产出。如此循环，科技金融和科技创新的协同层级更低（王宏起，2012）。

6.2 科技金融创新的经济增长效应

6.2.1 科技金融创新的宏观效应

政府公共金融创新的经济增长效应主要是宏观的“掌舵”，而不是微观的“划桨”。政府公共科技金融把科技企业和金融机构联系到一起，推动了科技金融服务创新、工具创新和模式创新，科技企业融资渠道增加，充沛的资金供给扩大了企业的经营规模，产出增加。科技金融创新增加了科技企业投融资可运用的金融创新工具，如期货、期权，规避债权债务风险，减缓价格波动，促进投资增加，IS 曲线向右平移到 IS_1（见图 6－1）。产出增加，利率升高，员工收入增加，资产缩水，科技金融资产替换程度升高，企业寻找可替换的科技金融资产变得容易，当某种科技金融资产的利率不利于企业时，企业会寻找可替换的科技金融资产。因此，科技企业资金需求对科技金融利率的变动更加敏感，货币需求的利率弹性增大，LM 曲线趋于平缓，表现为 LM_1，均衡点向右下方移动，由 E 变成 E_1，在新的均衡点处，利率降低，产出增加。因此，科技金融创新丰富了金融产品和金融服务，使经济运行更加高效，推动了经济增长。金融创新增加了金融资产的可获得性，所以利率上升对投资下降的影响因为金融创新而减弱，经济创新使宏观经济运行更加有效。在全球经济一体化时期，谁重视科技金融创新，率先进行科技金融创新，谁在世界经济中就更有竞争力，占领先机（韩俊华等，2016）。

6.2.2 科技金融创新的微观效应

科技金融创新的微观效应是指科技金融创新对市场金融主体的影响。金融系统的基本功能是提供金融服务、优化资本配置，科技金融能够实现技术进步，创新金融产品，提供多层次、全方位的金融服务。科技金融创新，市场科技金融主体能够提供多样性的金融工具。例如，中国农业银行

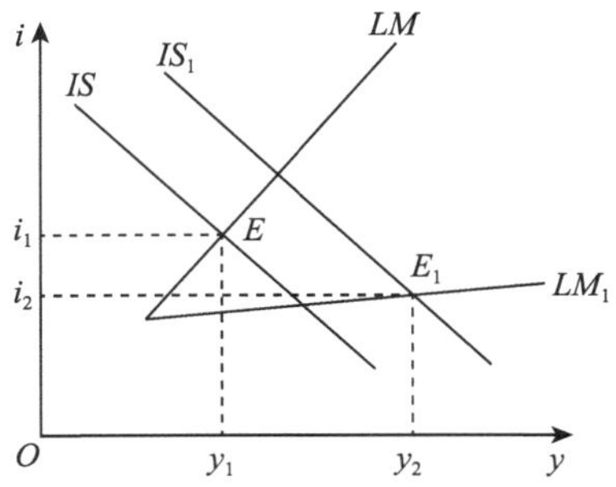

图 6-1　科技金融创新对宏观经济的影响

推出的知识产权抵押、订单抵押、股东信用保证贷款等“金科通”金融产品系列，满足了科技型中小企业重科技、轻资产、高发展的特点。技术进步推动了金融创新和新的金融需求，非银行金融机构产生，科技金融竞争激烈，优化了金融资源配置。科技金融创新不断推出的金融工具和金融服务，丰富了投融资者可供选择的金融工具，投融资渠道增多，有多样化的投融资组合可供选择，降低了投融资风险。科技金融创新降低了投融资交易成本，金融资产交易变得活跃，吸引更多的投融资者进入金融市场，扩大了交易规模。

科技金融创新最典型的代表是互联网金融的发展。互联网金融投融资门槛低，与科技创新主体相匹配，如余额宝、现金宝、零钱包等理财工具，既满足了小微弱势群体的投资需要，又能快速集聚储蓄资金，贷放给科技企业，服务于科技创新，实现对科技创新企业信贷、投资、支付全覆盖。互联网金融实现金融脱媒，降低信息不对称，金融低成本、广覆盖，提供优质的金融产品和金融服务。互联网海量数据收集功能、云计算海量数据处理功能以及标准化的技术处理技术，降低了信息收集、加工、识别成本和资金供给成本。互联网金融利用自身的互联网优势，建立客户信用平台，为客户评价、授信、增信、决策提供可靠依据，降低了信用风险和坏账损失，以低价格、高效率保障了盈利和福利双得，与客户构建了利益共同体，实现了金融服务可持续（王黎华等，2016）。

6.3 科技金融运行模式

6.3.1 政策性金融的运行模式

政策性金融是指由政府主导的，通过政策性银行以低利率对特定的对象提供贷款支持。政策性金融运行模式包括项目贷款和行业贷款。项目贷款运行模式由政府筛选项目，指令政策性金融机构向风险投资机构提供贷款，再由风险投资机构向项目进行贷款，或者政策性金融机构直接向项目提供贷款。在行业贷款运行模式中，政府仅规定政策性金融支持的行业，不进行项目筛选，政策性金融机构负责项目筛选，并实施项目监督。

在项目贷款中，政府进行项目筛选，政策性金融机构是被动执行者，缺少项目监督，根据自利人假设，易产生代理成本，降低政策性金融支持效率。在行业贷款中，政策性金融机构进行项目筛选和项目监督，增大了政策性金融机构项目筛选、贷款、监督的积极性，提高了政策性金融支持效率和效益，更具有可持续性（韩俊华和干胜道，2013）。

6.3.2 商业银行金融运行模式

商业银行服务于科技创新的贷款模式包括交易型贷款和关系型贷款。交易型贷款双方信用关系薄弱，交易次数较少，双方均以自身收益最大化为目标。关系型贷款双方有良好的信用积累，利益相互依存，信贷通过契约和合作实现长期共赢。

科技企业按期还本付息，积累信用，信用资本达到一定额度，能够根据银行的信用激励，获得信用额度，下调贷款利率。一方面企业降低了融资成本；另一方面，银行扩大了业务量，坏账损失减少，增加了利润，实现了让利与增利的有机结合。银行还为企业理财、代发工资、投资，业物流和现金流相互依存，减少信息不对称。

更多的贷款次数，良好、长期的信用积累和较多的专用资产投入形成关系型贷款。激励机制增加了关系型贷款退出的机会成本和退出障碍。关系型贷款是银行的核心业务，客户资信高、收益高、风险小、代理成本低，有利于缓解科技企业融资约束。交易型贷款是银行信贷的基本形式。科技企业规模不同，发展阶段不同，业务合作强弱不同，需要交易型贷款和关系型贷款并存，以匹配不同项目和企业的风险差异、利率差异，实现资源和风险匹配。商业银行对关系型贷款实行动态管理。当科技企业财务关系恶化、信用资本下降时，关系型贷款转变为交易型贷款。当交易型贷款客户积累了良好的信用、改善了经营业绩、实力提高时，交易型贷款转变成关系型贷款（王延平和张方群，2011）。

6.4 科技金融创新风险管理路径

6.4.1　客户筛选风险控制

科技创新具有高风险，不同科技创新主体、不同行业、不同生命周期，风险不同。根据科技创新企业的行业特点、生命周期的不同阶段进行市场细分，筛选科技创新主体，目标主体不同，筛选制度安排不同。具体方法是根据创新主体特点和细分市场差异构造选择矩阵，寻找双优项目，首选成功率高、风险小的科技创新双优项目进行资金支持，因为双优项目能够满足市场科技金融主体的投资收益要求，风险较低。运用大数定律对大量科技项目进行选择，如果项目成功的概率较小，则该类项目收益不能补偿成本，不应选择该类项目。随着经济发展、科技进步，科技企业创新能力提升，科技创新项目成功的概率大幅增加，当成功概率超过一定的临界水平，项目收益将会覆盖成本，吸引大量的市场资本注入。也可运用模糊选择，筛选成功率较高、风险较小的客户群，当客户群成功率超过一定概率值，则成本能够得到补偿，并获得超额回报，市场科技金融主体将能实现利润最大化目标。因此，市场科技金融支持实现可持续性（顾焕章等，2013）。

6.4.2 政策性金融风险补偿

科技创新投资大、周期长、风险高、具有正外部性，应该加大政策性金融对投资于科技创新企业的金融资本和社会资本的风险补偿。第一，科技企业初创期，政府科技创新基金、科技创新补贴、政府风险投资和引导基金，能够实现科技企业创业风险分担，有助于创业成功。第二，科技企业成长期，政府通过利率、税率优惠，激励专业风险股份投资机构注资科技企业，因为投资回报率不断增加，风险投资机构购买政府持有的风险投资股份表现出很大的积极性，有利于风险投资机构和科技企业的收益共享和风险共担。第三，商业金融机构为科技企业提供贷款具有方便、快捷、灵活的特点，为鼓励商业金融机构向科技企业贷款，要给予政策支持、财政补贴、宽松的金融环境，降低金融机构服务科技创新信贷风险。第四，政府担保能降低商业金融机构服务于科技创新的信贷风险，政府保险能够分担科技企业投资、融资、经营的风险损失，要吸引民营资本注入，拓宽资金来源渠道。第五，政府成立专门服务科技创新的部门，颁布保护科技金融的法律，向科技企业提供政策咨询服务，增强科技企业抗风险能力。

6.4.3 市场科技金融风险分散

在科技创新企业风险总量一定的情况下，如果只有一家市场科技金融主体为科技创新企业提供贷款，则这家市场科技金融主体承担了科技企业贷款的全部违约风险。通过制度安排，让更多的市场科技金融主体共同提供信贷，科技企业违约风险将被分散。科技企业信贷金额大小不等、项目期限长短不同、风险各异，科技企业可以选择不同的筹资渠道、股权和债务的不同组合、长短期负债不同组合，降低财务风险。对于高风险的企业创新项目，因为高风险，投资收益较高，科技企业可以通过股票、债券发行，吸引风险爱好者购买高风险金融产品，这需要完善资本市场，以利于风险爱好者的资本进入和退出。在贷款担保方面，科研技术能给上下游企业带来巨大商机，构成利益共同体产业链条，相互担保能实现风险分担、利益共享。根据科技企业特点，推行小额贷款，分期还款，分期付息，这样降低了科技企业还本付息压力，财务风险和违约概率较小，因为违约信用损失很大，而违约收益较小，抑制了科技企业的道德风险。完善科技保险服务，丰富科技保险产品，对科技创新主体创新风险损失进行事后理赔，可以增强科技创新主体抗风险能力（张兴旺和陈希敏，2017）。

第7章

科技型小微企业金融支持一般分析

创新驱动发展需要科技型小微企业的发展。党的十八大明确指出“实行创新驱动发展战略”，“支持科技型小微企业发展”。可见科技型小微企业在国民经济和创新发展中具有重要作用。而当前科技型小微企业在创业发展中缺乏发展资金，其高风险导致90%以上的企业因缺少资金而破产。所以，科技型小微企业的生存、发展亟须政府和银行的金融支持。加强科技型小微企业金融支持系统的研究也自然成为当前最紧迫的课题（中国科技论坛编辑部，2012）。

7.1 科技型小微企业金融排斥

科技型小微企业金融排斥是指其有形资产抵押品少、投资风险大，金融机构出于成本收益考虑不愿发放贷款。金融排斥有五类（Kempson，1999；Sarma，2010）：机会排斥（Access Exclusion）、条件排斥（Condition Exclusion）、市场排斥（Marketing Exclusion）、价格排斥（Price Exclusion）、自我排斥（Self - Exclusion）。①机会排斥。也称“地理排斥”，沿海地区、发达城市金融网点较多，能够提供更多的金融产品和金融服务，偏远地区融资困难。②条件排斥。金融机构放贷遵循严格的评价标准，如“5C”，科技型小微企业不符合金融机构贷款条件，被排斥在金融服务之外。③市场排斥。科技型小微企业高风险不符合金融机构贷款理念，金融机构的市场定位和金融产品销售理念将科技型小微企业排斥在金融服务之外。④价格排斥。金融机构出于风险考虑，升高金融产品和金融服务价格，科技型小微企业难以负担。⑤自我排斥。科技型小微企业会计核算不规范、对支持科技型小微企业的优惠政策不了解以及其他心理障碍，自我放弃金融服务，进行民间借贷（韩俊华，2016）。

7.2 科技型小微企业金融排斥的金融市场原因分析

从金融市场的角度看，科技型小微企业金融排斥的主要原因包括以下四个方面：

7.2.1　政府支持力度不足

科技型小微企业规模小、人数少、投资风险高。资金来源主要是自有资金，政策性金融包括市场科技贷款机构、科技贷款政府支持基金、财政补助，为了支持科技型小微企业，政府设立了科技型中小企业技术创新基金、科技型中小企业投资引导基金、中小企业技术服务机构补助资金和中小企业信用担保基金，对科技型小微企业融资难有一定的缓解作用。但因资金来源不足、规模有限、服务面窄，加之政策性资金多选择在科技型小微企业的成长期，初创期投资较少，且政策性资金有严格的审批手续和条件，时间长、门槛高、难以取得，不能有效地解决科技型小微企业紧迫的融资难题。

7.2.2 银行融资门槛高

商业银行制度设计不合理，不利于科技型小微企业融资。科技型小微企业自身内源融资能力有限，对银行融资有天然的依赖性。但20世纪80年代银行促进科技发展的“块块资金”不良贷款和亚洲金融危机及当前的经济危机，使银行贷款更多注重安全性、流动性、效益性，必然形成对规模大、实力强、信誉度高的大企业贷款偏好。而科技型小微企业不确定性高、规模小、缺少有形抵押品、技术成果鉴定难，产品不能得到银行认可，增加了银行贷款风险，加之银行对科技型小微企业贷款类型少、缺乏创新、可提供的融资手段少，科技型小微企业很难取得银行贷款（秦军，2011）。

7.2.3 资本市场不发达

当前企业资本市场融资仅是银行贷款的10%，金融危机又使资本市场融资额大幅降低，资本市场对科技型小微企业融资不能发挥积极作用（秦军，2011）。科技型小微企业因自身特点，不符合进入主板市场融资的条件，更何况资本市场的主板市场不发达，支持科技型小微企业的创业板市场和场外交易市场长期缺乏。债券市场发展缓慢，国债市场占据主导地位，企业债券市场弱小，企业债券仅限于国有企业和上市公司，且有企业债券利率不得高于银行定期存款1.4倍的法律规定，加之债券品种单一，缺少科技型债券，科技型小微企业很难进行债券融资。资本市场不发达，使得风险投资缺少筹集机制和退出机制，制约了风险投资的发展（杨茜，2018）。

7.2.4 信息披露不规范

科技型小微企业规模小、投资少，多数仅几个员工，虽然有独立的财务会计体系，但一些科技型小微企业财务制度不健全，财会信息资料不完整。科技型小微企业一些财务会计信息涉及知识产权、专利、专有技术，出于防范竞争的目的，不愿进行详细的财务信息披露。科技型小微企业的避税动机，更减弱了披露财务信息的积极性，导致科技型小微企业财务信息披露的选择性，隐藏对自己不利的会计信息。加之，科技型小微企业知识产权难以计量，所以科技型小微企业财务会计报表可靠性不强，而商业银行对企业进行贷款及监督均要以分析企业财务会计报表为核心，报表披露信息不规范减弱了银行贷款的意愿。

7.3 科技型小微企业金融支持体系作用机制

科技型小微企业金融支持体系由政府、金融机构、金融服务机构、资本市场和科技型小微企业组成。要解决科技型小微企业融资难题，必须有完善的融资风险分散机制、信贷风险控制机制、信用资本机制、金融贷款运行机制。

7.3.1 科技型小微企业金融支持体系风险分散机制

科技型小微企业融资风险高。在研发初期，存在技术风险，在投入阶段，存在转换产品风险，在成长和成熟阶段存在需求风险。美国科技型企业 10 年存活率为 5%—10%，中国科技型中小企业 5 年存活率低于 10%（韩刚，2012），科技型小微企业因其微小，存活率更低。这也导致了金融机构的贷款风险，建立风险分散机制成为必须。风险分散机制主要有以下五个层次。①我国金融体系国有银行的主导地位。其股东特质决定银行间不能完全独立，只能是两两独立，这样分散了单个银行和投资者之间的风险。②资本市场和金融机构。银行贷款给科技型小微企业是一种风险共担机制。如果科技型小微企业资金均来自自有资金，则独自承担创业风险。如果一半资金来自银行贷款，则银行和投资者分别承担 50% 的风险。资本市场的发展延伸了这种风险分散功能。因为银行和科技型小微企业均能够上市，发行证券融资，风险传递给购买证券的人，于是，进一步分散了银行和科技型小微企业投资者各自的风险。③政策性金融和商业金融。他们是科技型小微企业不同阶段的资金提供者。在科技型小微企业初创阶段，不确定性多、风险大，需要政府性金融扶持、引导，政府金融的福利性能激励科技投资，分散投资者风险。成长期和成熟期有可靠的经营现金流入量，企业也能用有形和无形资产作抵押获取商业银行贷款。④科技型小微企业财务风险分散。在政府主导的金融支持体系内，科技型小微企业融资渠道多样，可以根据不同的发展阶段、长短项目的风险需要选择不同的融资渠道，将负债水平和期限结构控制在合理的范围内，降低财务风险。⑤融资担保。科技型小微企业处于产业链上游，其技术创新能给业务单位带来巨大利益，一些大的产业链单位是其经济利益共同体，在政府主导下，大的产业链单位可以为科技型小企业提供贷款担保，科技型小微企业以专利、技术、知识产权等提供反担保（梁曙霞，2012）。

7.3.2 科技型小微企业金融支持体系风险控制机制

科技型小微企业的信贷风险根源于资产抵押不足和信息不对称，商业银行必须降低科技型小微企业固定资产抵押金额，依据现金流标准控制风险，并严格企业报表规范性审查。

现在，动产抵押贷款成为全球性趋势，发达国家动产抵押贷款占贷款总额的80%，而中国仅为18%（刘志彪，2011）。科技型小微企业自有资金少、智力资本强，在成长阶段，如果订单数量多，签订、交付频繁，资产周转速度快，能产生足够的还款现金流，所以订单模式抵押贷款应成为科技型小微企业贷款的主要形式，但必须跟进现金流控制风险系统建设。科技型小微企业的基本账户必须设在贷款银行，企业所有的现金流业务都在贷款银行办理（这也是基本存款账户的法律要求），还款方式采用分期还款，还息方式由按季改成按月，可以更多地了解企业，减少信息不对称。当前，包商银行已经采取这种分期还款、按月还息的方式控制风险。给科技型小微企业设置较低的贷款额度（增加贷款频率为补充），降低资产负债率能减少科技型小微企业财务风险。在实践中，200万元的贷款，科技型小微企业违约率极低，因为科技型小微企业违约在政府、银行、产业链中的声誉成本很大。运用“价格覆盖”原则控制贷款风险，目前，民生银行已成功地使用了这一方法。理论根据是大数定律，在样本很大、独立的情况下，整体风险能够表现个体风险，高出平均风险水平的个体，升高贷款利率和贷款条件进行风险控制。强化信贷风险的事前控制，规范贷款审查，包括会计报表真实性审查，以及账簿真实性审查，减少信息不对称（吴江涛，2012）。

7.3.3 科技型小微企业金融支持体系信用资本形成机制

科技型小微企业融资难根源于信用不足，信用资本机制能解决信用不足的问题。信用资本指信用的价值货币化。像物质资本、货币资本一样，信用具有资本价值，是良好信用记录产生的信用额度表示的信贷融资资源。信用资本的价值作用会使企业积极积累良好信誉，银行需要跟进信用资本评价和授信支持，于是信用资本信贷关系形成。信用资本信贷关系由四部分组成。①承信—增信平台机制。该机制是信用资本的基础性开端服务建设，由国家开发银行及分行、地方政府为科技型小微企业搭建信用资本运行和增信平台。在承信方面设立领导机构（指导信用资本建设和贷款）、业务机构（实施信用资本建设和贷款）、评议机构（负责贷款评议工作）、信用协会（企业信用收集和评价）、担保机构（审查贷款并担保）、结算银行（办理贷款结算业务）、会计师事务所（提供财务咨询服务）。在增信方面建立政府平台增信（政府主导的信用担保、信用平台、结算平台、过程管理）、信用制度增信（信用推荐制度和抱团增信）、现金流能力增信（担保、偿债能力和风险准备金建设）。②征信—评信运行机制。征信系统包括收集成员科技型小微企业所有信用信息，并更新和审核信用数据库。评信系统是根据征信系统成员科技型小微企业信用数据库，运用恰当的方法，量化成员企业信用资本；同时，还要建立信用资本查询系统和宣传机制，促进会员进行信用资本积累。③保信—授信运行机制。进行授信审批和风险分担机制建设。授信审批步骤如下（目的是控制风险）：申请贷款→业务机构审查→担保机构审查→评议机构→领导机构推荐→分行审查执行。授信风险分担机制包括：经费补充（国家开发银行对业务机构经费补偿）、利率确定（体现信用等级的低利率优势）、担保机制（建立保证金风险基金，并根据会员企业自有资金的1.5倍放大贷款）。④励信—续信机制。是对信用的激励，包括：财政贴息、利率下降、信用升级、荣誉激励，对违约成员企业，则进行警示、利率上浮、终止贷款、取消会员等（郁俊莉，2009）。

7.3.4 科技型小微企业金融支持体系贷款运行机制

科技型小微企业贷款模式有两种：交易型贷款和关系型贷款。交易型贷款以交易收益为目的，以银行、企业各自自身利益最大化为出发点。在关系型贷款中，双方是利益相关者，依靠信誉、契约和长期的良好合作关系来实现共赢。

关系型贷款主要是根据双方良好的信用和长期合作形成的相互依存的业务关系，企业按时还款，积累信用。银行对企业的良好信用进行激励，设置激励条款。当科技型小微企业符合相应的信誉和资质（减少了坏账风险），银行降低贷款利率，符合收益风险匹配原则，科技型小微企业也因此降低了融资成本。银行建立了互利互惠的双向正向引导机制。银行不仅贷款，还带发工资、理财和投资，实现了现金流和业务流的双向互动和依存。银行给企业的高资信让利，也是给自己长期综合业务增利。关系型贷款减少了银企信息不对称和代理成本，增强了双方合作质量。

关系型贷款来自交易型贷款长期的信用积累。与交易型贷款相比，有更多的交易次数（稳固的业务关系）、更强的信任程度和更多的专用资产投入。增加了关系型贷款退出的障碍和机会成本，也增加了双方的业务和收益，减少了坏账和风险，增强了市场竞争能力。

关系型贷款与交易型贷款是银行长期并存的两种贷款模式。银行注重发展关系型贷款，认为关系型贷款是银行的核心业务，具有高质量、高信誉、高收益、低风险、低代理成本的特点。但交易型贷款是银行的基本业务，银行客户众多，科技型小微企业各有不同的发展阶段，规模不等，业务合作强弱不同，随着科技型小微企业的动态发展，实力和业务积累，有交易型贷款客户转变为关系型贷款客户。同样，关系型贷款客户也会因为企业财务状况的恶化、业务量的减少、信用等级的降低，转化为交易型贷款客户，交易型贷款和关系型贷款发展关系如图 7 - 1 所示。两种贷款形式并存符合科技型小微企业不同发展阶段的风险差异、长短期项目的风险差异、长短期贷款的利率差异，更有利于银行的资源分配和风险分配（吴江涛，2012）。

图 7 - 1 贷款模型演变

7.4 科技型小微企业金融支持的国际比较

7.4.1　美国科技型小微企业金融支持体系

（1）财政支持

美国早在 1983 年就开设了技术创新奖励项目“小型企业创新研究计划”（SBIR 计划），1994 年开设了小企业技术转让奖励项目“小企业技术转移计划”（STTR 计划）。SBIR 计划规定：小企业技术创新构想获得联邦政府批准，有 10 万美元的政府资助；科技转化成产品实验生产，有 75 万美元的政府资助；大批量生产时，商业银行提供金融支持。STTR 计划被政府确认，有 10 万美元的政府资助；项目若具有商业价值，还会得到 50 万美元的政府资助；在大批量生产时，商业银行提供金融支持。政府还为科技型小微企业提供创业资金和生产资金的“长期贷款担保”“短期贷款担保”“出口风险担保”“外贸贷款担保”。1958 年美国制定了《中小企业法》，并设立了美国小企业管理局（SBA），为科技型小微企业提供政策、财政、金融、技术和服务支持。同时，还建立了全国性、地区性、社区性中小企业担保体系，以服务中小企业取得银行贷款。州政府成立了专门的金融机构和社区融资发展机构，为中小企业提供金融支持。当前，美国科技型小微企业已经建立了财政资助、信贷支持、税收优惠“三位一体”的金融支持（公衍照，2009）。

（2）风险投资

1946 年美国成立了“美国研究与发展公司”，它是全球第一家风险投资公司。1984 年成立了硅谷银行（风险投资银行），其分支机构遍布世界各地，我国上海、北京均有其办事处，主要是支持科技型企业技术创新和发展。1958 年美国颁布了《中小企业投资法》，给风险投资以法律支持。为了推动风险投资的发展，20 世纪 70 年代末到 80 年代中期进行了配套的法律和税收改革。于是，美国出现了众多的有限合伙制风险投资企业，占风险投资公司总数的85%，完善的治理结构有效地解决了风险投资企业的信息不对称和风险不对称，成为风险投资的主要形式，有力地推动了风险投资的发展。当前，美国已经形成了由风险投资家、风险资本家、风险投资中介机构组成的高效风险投资体系。美国风险投资协会研究得出，风险投资的资本支出是国内生产总值（GDP）的1%，但却取得GDP 21%的直接经济贡献（夏乐书和李琳，2010）。风险投资的发现和筛选机制极大地推动了科技创新，因此出现了雅虎、苹果、微软、甲骨文、思科等全球著名的高科技型公司。在美国，风险投资已经验证出是促进科技型企业发展和壮大的投融资机制（杨茜，2018）。

（3）资本市场

美国的资本市场成熟、发达。拥有完善的证券发行市场和流通市场及权威的信用评级机构（穆迪公司和标准普尔公司）。于1792年成立的纽约证券交易所有230多年的历史，3 600多家上市公司（国外470多家）在该所上市融资。于1971年成立的纳斯达克市场（NASDAQ），是世界第一家电子证券化市场，也是全球最大的证券交易市场，主要为中小企业和高科技企业服务。微软、英特尔、雅虎、苹果、搜狐、戴尔、丰田、爱立信、佳能、日本电气、英国路透社、中国中华网、新浪网、百度均在纳斯达克市场上市。于1990年成立的美国场外柜台交易系统（OTCBB市场）（入市条件低于纳斯达克市场），满足小企业特别是科技型小企业的融资需求。微软在初创期就在OTCBB市场上市。粉红单市场是比OTCBB市场入市条件更低的证券市场，2007年在粉红单市场上市的公司为5 000多家。美国还有发达的场外交易市场，如柜台交易市场、第三市场、第四市场（顾客直接网络交易）。另外，美国还有融资衍生工具——美国存托凭证（ADR）于1927年由摩根银行推出，是简便、宽松的募股方式。到1999年，ADR募股公司达2 085家。资本市场的完善也更有利于风险资本的发展和退出（夏乐书，2010）。

7.4.2　日本科技型小微企业金融支持体系

（1）政策性金融机构

日本进行政策性金融机构建设，服务科技型小微企业，实行政策引导，支持商业银行和民间金融公司向科技型小微企业发放贷款。针对科技型小微企业，日本政府成立了专门财政支持金融机构两行（日本输出入银行和日本开发银行）、十库（中小企业金融公库、工商组合中央金库、国民金融公库、中小企业信用保险公库等），向科技型小微企业发放政策性扶植贷款。政府建立了中小企业信用补充制度，成立了中小企业信用公库、信用保证协会、中小企业贷款保险公司为科技型小微企业提供担保，便利取得民间银行贷款。政府出面设立了金融互助“自由钱柜”，中小企业可以获得无息贷款。日本开发银行等制定了支持科技创新的贷款制度，为科技型小微企业科技创新提供低息贷款。日本还设立专门的政府机构为特殊科技型小微企业创业提供政府补助、进行税收减免和税收退回、办理进入许可绿色通道、进行技术和政策指导。政策性金融进行了多层次的分工，以推动多样化的科技型小微企业的科技创新和发展。

（2）商业银行

日本对科技型小微企业的金融支持以银行主导的间接融资为主，把银行资本与科技型产业资本相结合，推动科技创新和发展。这也是由日本特有的银行间接融资体系发达决定的。日本长期实行低利率，并且银行能够控制利率水平，加之政府的“小额存款”“小额邮政储蓄”的免税制度和民间银行的“超贷政策”，更推动了间接融资的发展。1970 年银行间接融资占全部融资的比重是 87.2%，1983 年银行间接融资的比重是 81.1%。日本的“主办银行制度”形成银行和企业在信贷关系、股权控制、人事渗透等方面紧密的关系，导致了“主银行”的关系型贷款融资模式。“主银行”制度指企业和某一银行构成了长期的业务相互依存的稳定、成熟的关系型客户。这种“主银行”关系型贷款模式保证了科技型小微企业创业和发展所需的资金供给，极大地推动了科技型小微企业的创新和发展。

7.5 我国科技型小微企业金融支持体系的构建

7.5.1 政府金融支持

科技型小微企业的政府金融支持包括政策服务、优化商业银行环境和政策金融。①政策服务。政府先要构建需要的组织体制。运用政府组织功能，为科技型小微企业发展创造良好的外部环境和条件。设立科技型小企业管理局，制定优惠政策，并负责科技型小微企业和金融机构、大学、科研机构的沟通（蒋伏心，1999）。②优化商业银行环境。重视社会征信系统建设，政府主导建立法院、工商、税务、财政、技术监督、海关的科技型小微企业信息网络，强化中国人民银行现有征信体系，减少信息不对称和银行收集信息成本，降低贷款风险和成本。给予银行（对科技型小微企业贷款）一定的税收优惠，采用宽松的科技型小微企业贷款核销制度。③政策金融。指政府扶植基金、税收优惠、财政补贴和科技优惠贷款。当前，我国已设立了中小企业创业引导基金、中小企业创新基金、中小企业技术服务机构补助资金。地方也建立了相应的专项基金项目，推行“西湖模式”（创新政府科技经费运用，撬动社会资金投入）、“浦东模式”（设立3 000万元财政互助专项资金，形成政府、银行、企业共担风险）（唐雯等，2011），实现政府、金融、科技企业合作的科技金融创新模式。加大财政补助，财政补助属福利资金，能激励科技发展。增强对科技型小微企业的税收优惠，税收优惠具有普惠制，能够从整体上推进科技型小微企业的发展。

7.5.2 企业生命周期金融支持

科技型小微企业在初创期，技术研发需要大量资金，而成功与否具有很大的不确定性，抵押品、知名度、信用度均不足。这时政府给予金融支持，并作为股本投资，派人参与、监督企业经营管理，给予科技型小微企业无息贷款、小额政府补助。当科技型小微企业进入成长期后，科研成果已转化成产品，并进行批量生产，表现出好的收益前景，投资风险很小，对风险投资机构有很大的吸引力。这时政府将不再提供政府补贴，但可提供税收优惠，引导风险投资机构资金进入的积极性，并将政府股票转让给风险投资机构。银行也可利用金融系统的征信系统，贷款给科技型小微企业，形成企业、银行、风险投资机构三方利益共同体。当进入成熟期后，科技型小微企业有稳定的产品市场和现金流，信用资本升高，因此，能够获得直接融资和间接融资（梁曙霞和李秀波，2012）。政府直接资金支持退出，同时可以实行鼓励科技创新研发的税收优惠和增加税前研发费用的扣除比例政策。

7.5.3　资本市场金融支持

多层次的资本市场体系，有利于科技型小微企业的发展、科研成果的转化和国家科技实力的提升。完善资本市场环境，推进资本市场发展，繁荣主板市场和中小企业板市场，发展创业板市场（二板市场）和场外交易市场（三板市场），二板市场和三板市场更能满足科技型小微企业上市融资需要。推进二板市场产品创新和制度创新，创造二板市场风险对冲工具，规范收购兼并市场，建立风险投资的进入和退出机制。三板市场是无形市场，在场外议价成交，不需场内集中竞价交易，费用低，由机构投资者间接完成。三板市场的繁荣有利于主板市场和二板市场的发展，更有利于四板市场的形成，四板市场是计算机网络市场，交易双方网上直接成交，保密性高，且节约大笔佣金。降低科技型小微企业的发债条件，推进科研能力强、行业前景好、项目符合国家产业政策、信誉好的科技型小微企业发行债券。债券市场不但要创新金融工具，还要创新发行方式（秦军，2011），完善债券市场环境，加快债券流动性。

7.5.4　风险投资金融支持

风险投资是科技型小微企业重要的资金来源。科塔姆、勒纳认为，风险投资的投资产出效率是研发投资产出效率的3—5倍（秦军，2011）。财政支持、税收优惠、法律支持能够有力推动风险投资的发展。推动风险投资多元化建设，发展长期资本的供给者，增强风险投资机构的抗风险能力。完善风险投资资本结构，当前我国风险投资来源资金主要来自政府、企业、外资，而保险公司、基金、家庭、投资银行很少，资金来源结构不合理。今后要放宽资金准入，合理规划资金来源结构，增加企业集团、政策性银行、上市公司、富裕家庭的投资，允许养老基金、保险公司参股风险投资（秦军，2011）。完善风险投资的中介服务机构，如专业事务所、资产评估机构、信用咨询机构、律师事务所、会计师事务所，能够为风险投资提供更好的支持，促进风险投资项目成功和风险资本循环。建立风险投资的退出机制，引导资本市场退出，制定股权转让退出配套的法规和政策。

7.5.5 商业银行金融支持

商业银行要给予科技型小微企业信贷支持。商业银行设立科技型小微企业信贷部，根据科技型小微企业规模、行业特点、政策特征，给予不同的细分信贷产品，如固定利率贷款、浮动利率贷款、循环贷款、福费廷、保理等。商业银行也可以开展风险贷款业务，等科技型小微企业进入成长期或成熟期，出售持有股份或期权获得收益，科技型小微企业研发失败获得补偿。在经济萧条时期，实行贷款倾斜。信贷紧缩严重影响科技型小微企业的发展，对一定资质的科技型小微企业要放宽信贷规模，降低审核标准。实行银行综合化经营试点，推行“直投 + 贷款”收益风险匹配模式。投资银行设立科技直投基金，服务于科技型小微企业的直投项目。完善科技型小微企业风险过滤、风险控制、风险预警系统，有利于科技型小微企业贷款业务的顺利、健康、繁荣。根据科技型小微企业人员少、以科研为主、缺少财务人员，商业银行为科技型小微企业提供金融理财、金融顾问、财务管理、资金清算等服务。科技型小微企业会计报表披露不完善、资信低，导致贷款风险大、成本高，商业银行严格审查企业报表披露，促进企业提升资信，降低了银行风险，增加了信贷收益，提升银行贷款积极性。

第 8 章

科技型小微企业政策性金融支持分析

科技型小微企业高风险、有形抵押品不足、会计信息披露不规范，很难获得银行贷款，普遍存在金融排斥。金融排斥包括：评估排斥、营销排斥、地理排斥、价格排斥、条件排斥和自我排斥。除自我排斥是资金需求方排斥以外，其他均是资金供给方排斥。政策性金融通过优化金融环境、宽松银行贷款条件、政策性宣传、增设银行网点，能有效解决科技型小微企业金融排斥。

8.1 科技型小微企业金融排斥的政策规制原因分析

从政策规制的角度看，科技型小微企业金融排斥的原因如下：

8.1.1 国家宏观调控政策传导

运用宏观调控手段调节市场是各国政府的普遍做法，如货币政策、金融监管。货币政策是政府有效限制银行业信贷扩张的主要工具，紧缩的货币政策会导致银行信贷规模急剧下降。科技型小微企业规模小、轻资产、高风险，在经济萧条时期，科技型小微企业违约风险更大，很难获得银行贷款，加之银行业出于风险考虑放贷更偏爱大企业，导致了有限资源的挤出效应。另外，政府更加严格的金融监管抑制了银行、民间金融主体对科技型小微企业的资金供给。如提高资本充足率就会导致银行减少风险资产总量，而向科技型小微企业贷款会增加风险资产，为了控制风险资产，银行不得不减少对科技型小微企业贷款（纪建强和陈晓和，2013）。

8.1.2 利率管制

利率管制抑制了市场供求平衡，导致需求大于供给，增大了科技型小微企业的资金需求缺口。科技型小微企业智力资本是其主要资产，人数少、自有资金不足、资金需求数额小、研发风险大、公司治理不完善、会计信息披露不规范、信息不对称高、抵押品不足，银行发放贷款给科技型小微企业，交易成本大、坏账损失风险较高，较大的信贷边际成本必然需要较高的边际收益来补偿，这样才符合市场供求规律和风险收益配比原则。也就是说，提高贷款利率，信贷供给量就会增加，科技型小微企业金融排斥问题就会很快被解决。但是，我国政府有严格的利率管制，银行不能自由升高利率价格，当价格不能覆盖贷款风险时，供给就不会发生，信贷交易中断。

8.1.3 法律法规限制

第一，民间融资缺少法律支持。科技型小微企业不确定性高、资金需求额小，民间融资对科技型小微企业较为了解，降低了信息不对称，交易成本较低，与科技型小微企业资金需求额小相匹配，较高的利率能够补偿风险损失。民间资金是科技型小微企业初创期重要的资金来源，但是民间融资缺少法律支持，增加了贷款违约风险。第二，互联网金融也缺少配套的法律法规。互联网金融投融资门槛低，网络信息平台减少了信息不对称，金融脱媒降低了融资交易成本，互联网金融具有普惠性。当前互联网金融快速发展，但十分混乱，缺少法律规范，存在大量的支付风险、投资风险、融资风险，如大量的跑路现象和大学生“裸贷”等。就商业银行贷款来说，科技型小微企业的智力资本、科技产品订单不能成为抵押品，科技型小微企业缺少抵押品增大了融资约束。

8.1.4 增信体系不完善

科技型小微企业金融排斥源于增信体系不完善，导致供求双方信息不对称，供求双方因缺少信息而无法进行交易，信贷活动中断（林毅夫，2001），增大了科技型小微企业融资约束。

我国增信体系建设起步较晚，随着互联网金融的发展，增信体系有了较大的发展，但是现有的增信体系是互联网金融增信平台、银行增信平台和政府增信平台，它们相互独立。互联网金融增信平台主要涉及互联网金融的小微投融资主体交易和信用记录。银行增信平台主要涉及大中企业的基本信息、财务信息和借款及担保信息。政府增信平台主要涉及法院、环保、纳税信息等。这些信息平台记录不同主体的信息，如互联网金融增信平台是小客户，银行增信平台是大中客户，政府增信平台是违法犯罪记录，三方信息不能共享。如果银行向科技型小微企业贷款，因为没有科技型小微企业信用记录，缺少信用资本，就无法达成交易。

8.2 政策性金融支持运行机制

8.2.1 风险分担

科技型小微企业风险高，政策性金融具有系统的风险分担机制，并表现出层次性。第一，科技型小微企业在初创期，政府科技补贴、政府风险投资和创新基金能够实现科技型小微企业创业风险分担，有助于创业成功。第二，科技型小微企业在成长期，科研成果已开发成科研产品，政府通过利率、税率优惠，激励专业风险股份投资机构注资科技型小微企业，因为投资回报率不断增加，风险投资机构购买政府持有的风险投资股份表现出很大的积极性，增加了风险投资机构和科技型小微企业的收益共享和风险共担。第三，在科技型小微企业发展阶段，商业金融机构向科技型小微企业贷款，政府要给予政策支持、财政补贴、宽松的金融环境等，降低金融机构服务科技型小微企业的信贷风险。第四，政府担保、政府保险能降低商业金融机构服务科技型小微企业的信贷损失，分担科技型小微企业投资、融资、经营的风险损失，政府保险要拓宽资金来源渠道，吸引民营资本注入。第五，政府成立专门服务科技型小微企业的金融部门，颁布保护科技型小微企业法律，向科技型小微企业提供政策咨询服务，减少科技型小微企业融资自我排斥（韩俊华等，2016）。

8.2.2 公共性

政策性金融以优化金融资源配置为目标，保障科技型小微企业等弱势群体的金融平等权和金融发展权，政策性金融能够缓解“抽水机”现象。政府、银行、科技型小微企业均是资源配置的主体，银行和科技型小微企业资源配置具有自利性和排他性，商业银行拥有信贷资源的产权，应独占信贷收益。如果银行把有限的金融资源投放给科技型小微企业，承担了更高的信贷风险却没能获得应有的收益，银行就不愿意进行信贷投放。所以银行的“趋利避害”会使信贷资源从科技型小微企业流向大企业，从乡村流向城市，从低收益行业流向高收益行业，产生信贷资源的挤出效应，科技型小微企业等弱势群体不能得到金融公平。科技型小微企业投入大量成本进行研发，应对研发收益拥有独占性，如果别的企业能够“搭便车”，获得研发成果的便利，则企业不会付出成本进行研发，如企业不会投资经济利益小、而社会利益巨大的项目。政策性金融具有公共性和普惠性，项目只要符合扶持的标准，就能享受财政投入、政策扶植、税收优惠、风险补偿，并引导商业银行、风险投资、保险资金流向该领域。政策性金融具有很强的正外部性（白钦先和张坤，2015）。

8.2.3 信息揭示

政策性金融通过项目遴选等支持科技型小微企业创新，先要构建科技金融信息平台。为了保证信息平台的公正性和公益性，需要政府主导信息平台的建设。如日本信用保证协会、中小企业信用公库就是政府构建的。信息平台的作用是信用资本积累和信息揭示。信用资本积累是指科技型小微企业长期的信贷记录，良好的信贷记录能够形成信用资本，信用资本达到一定额度能够获得银行的信贷支持，并配给信贷额度。信息平台是信用资本积累的基础设施，由以下四个部分构成。一是承信—增信机制。承信机制包括业务机构、领导机构、结算机构、担保机构、评议机构等。增信机制包括现金流能力增信、信用制度增信、政府平台增信。二是征信—评信机制。征信机制是构建科技型小微企业信用数据库，并适时更新。评信机制是根据信用数据库的信贷记录，量化科技型小微企业信用资本和信用等级。三是保信—授信机制。保信机制是指利率制定、基金来源和担保。授信机制是指授信申报和审批（韩俊华和干胜道，2013）。四是励信—续信机制。包括信用升级、降低利率、财政补贴，以及降低信用等级、升高利率、警示、取消会员资格。信息揭示是指政策性金融信息发布、宣传、科技项目申请和审批、专项基金资助等。政府需要整合银行和互联网金融平台资源，实现信息资源的系统化。

8.2.4 运行模式

政策性金融是指在政府主导下，对特定的对象或范围，以优惠的贷款利率、担保条件有选择地提供资金融通的活动。政策性金融通过指令（政策性银行）规定贷款去向。政策性金融有两种运行模式：对单个企业或项目贷款、对某一领域或行业贷款。模式一有两种做法：一是政府首先筛选需要支持的企业或项目，然后指令政策性金融机构提供贷款（见图8－1a）；二是政府成立投资机构，指令政策性金融机构向投资机构贷款，然后投资机构向企业项目提供贷款（见图8－1b）。第二种做法增加了政策性金融链条——投资机构，但具有相同的本质：政府筛选项目并指令贷款。模式二是指政府不制定企业或项目，仅规定贷款的行业或领域，由政策性金融机构筛选企业或项目，并对资金的使用和项目的完成情况进行监管（见图8－2）（李志辉和王永伟，2008）。

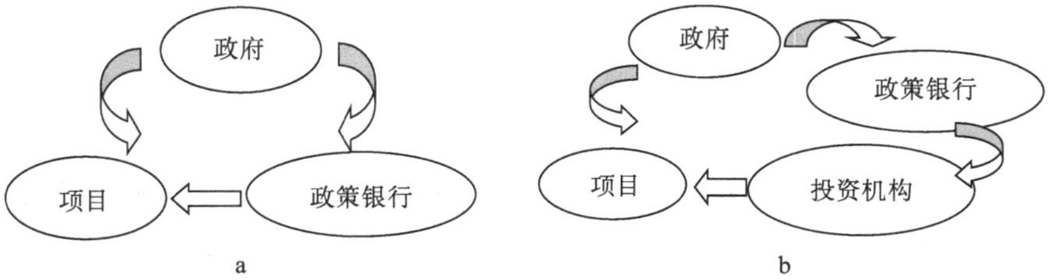

图8－1 政策性金融模式一

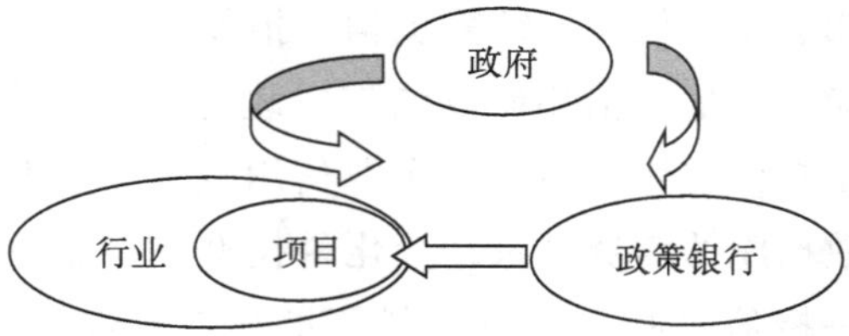

图 8－2 政策性金融模式二

模式一的两种情况，政策性金融机构都是政策性金融的被动执行者，缺少对项目的资金收回和项目完整情况的监督和激励，政府也缺少事后监督，项目监督不足，道德风险就会产生。模式二，政策性金融机构筛选项目，项目的质量关系到政策性资金的安全，所以政策性金融机构会选择优良项目，并对项目和资金使用、收回进行严格监督，增强运行效率。监督记录也有利于信息平台的建设和企业信用资本积累。

8.3 政策性金融支持的主要方式

8.3.1 科技创新基金和科技创新补贴

科技创新基金是引导性资金，资金来源是财政拨款和科技创新投资机构、政策性银行、企业投资，目的是增强科技型小微企业创新能力，而不是利润最大化。支持科技型小微企业的主要形式是资本金投入、无偿资助、贷款贴息。资本金投入适用于创新能力强的新兴产业。无偿资助适用于科研人员科技成果转化，如产品开发和中试补助。贷款贴息适用于形成规模和效益的创新项目。

科技创新补贴是指科技型小微企业在技术研发、科技成果转化和规模生产阶段获得的银行科技贷款的利息补贴和保费补贴。银行科技贷款部分利息由政府和民间组织承担，企业支付较少。保费补贴是指针对科技型小微企业以及服务于科技型小微企业的保险公司进行的补贴，使科技型小微企业和保险公司跳过成本概念，实现“收入效应”，激励科技研发和科技保险产品供给，有利于科技金融供需均衡增长（张玉喜和段金龙，2006）。

另外，税收优惠也可降低科技型小微企业科研实际支出额，增加科技型小微企业经营现金流，缓解融资约束。

8.3.2　政策性银行

政策性银行由政府注资，按照政府意图，对指定领域执行政策性金融活动，是不以营利为目的的银行。政策性银行包括国家开发银行、中国农业发展银行、中国进出口银行。

国家开发银行由国家财政全额拨款，按照“既要支持经济建设，又要防范金融风险”的方针、“政策目标第一和保本微利”原则，支持科技企业研发和创新。国家开发银行向科技型小微企业的贷款形式主要是硬贷款，目前已开发了软贷款，对科技型小微企业进行参股投资。2005 年科学技术部与国家开发银行合作，推出“统借统还”贷款模式，支持科技型中小企业融资。统计统还贷款模式即打包贷款，高新区管理委员会和科技管理部门构建融资平台公司，中小科技企业以集体信用申请打包贷款，融资平台进行贷款申请受理、评议，定期批量向国家开发银行申请贷款，并负责贷后本息催收和管理责任（段昌文等，2009）。

中国农业发展银行发展贷款由国家财政全额拨款，提供农业政策性金融服务，主要是粮棉油贷款。近年开拓了农业技术推广、扶贫和农业综合开发贷款，以信贷资金支持农业科技中小微企业科技成果转化，推动农业、农民增收和农村发展。

中国进出口银行由财政全额拨款。对高新技术企业提供信贷服务，包括对外优惠贷款、买方信贷、卖方信贷、对外担保、出口信用保险，对高新技术企业出口信用保险的保费率给予优惠。

8.3.3　风险投资

（1）政府直接投资

政府直接投资是指风险投资所有投入资本均来自政府，项目要符合政府的产业政策，从地方科技管理部门推荐的项目中产生。这样可以有效解决风险投资正外部性导致的资源配置扭曲，避免风险投资“趋利避害”导致偏爱投资市场风险和研发风险小且短期收益高的项目和产业、发达地区，以及导致科技企业发展期风险投资较多、风险高但社会收益大、落后地区、科技企业种子期和初创期投资不足。政府直接投资可以增加风险投资的资金供给，扶持符合国家产业政策的科技型小微企业，解决风险投资正外部性导致的市场失灵，把风险资金投资到风险高、社会收益大、符合国家产业政策的落后地区、科技企业种子期和初创期，发挥风险资金的乘数效应，支持科技型小微企业发展。

（2）引导基金

引导基金由政府设立，吸引海外资本、民间资本、金融投资机构和地方政府资本，以债券和股权的方式投资风险投资机构，再投资到特定区域、行业，主要用于支持初创期科技型中小企业，引导基金公司是多层次、混合型风险投资公司，引导基金也称“母基金”。引导基金不以营利为目的，进行跟进投资和阶段参股，参股不控股，不直接参加项目的运营管理。引导基金有两种模式：一是直接投资相关企业或行业，二是母基金注资风险投资机构，不直接投资项目。当前，几乎所有的省份都设立了风险投资引导资金，到2015年，新设立的政府引导基金为297只，资金总规模为15 089.6亿元，分别是2013年引导基金数量和基金规模的2.83倍和5.24倍。引导基金有效解决了政府直接风险投资资金不足的问题。

8.4 政策性金融支持国际比较

8.4.1 欧盟的政策性金融支持

（1）财政补贴

德国设立中小企业研究与技术专项基金。该基金主要用于支持科技型小微企业研发，并对落后地区的科技型小微企业给予补贴，高达行业投资额的30%，失业者创办科技型小微企业被给予1.2万欧元的补贴，吸收一位失业者就业给予企业每人1万欧元的补贴。法国政府对科技型小微企业的研发费用给予25%的财政补贴，并提供人力资本投资补贴，如政府对科技型小微企业在初创期第一年专业人才聘用费给予 50% 的财政补贴。并设立地方就业和投资补贴，3 年内增加职工 6 人以上，给予企业每人 2 000—2 500 欧元的补贴，30 人以上给予企业每人 1 500—3 000 欧元的补贴，追加投资额 5 万欧元给予投资补贴。英国设立科技型小微企业技术奖励计划，对科技型小微企业研发创新给予财政补贴，对于科技型小微企业创业失败者，每周给予 40 英镑的财政补贴。

（2）税收优惠

德国对符合条件的科技型小微企业免征流转税或营业税，设置很高的营业税起征点并下调了科技型小微企业所得税率的下限和上限，税法规定科技型小微企业固定资产折旧率增加 10%，增加税前费用抵减额。法国对新建科技型小微企业给予 3 年的所得税减免和 8 个月的纳税宽限期，部分地区 3 年到期后还可享受减半的税收优惠。研发费用增加的科技型小微企业，所得税减征研发费用增加额的 50%，最高减征额可达 500 万法郎。科技型小微企业的技术转让收入税率从 33.33% 降为 19%，个人技术转让收入税率低至 18.4%。科技型小微企业固定资产折旧率较其他企业高出 20%，用于研发的固定资产采用加速折旧法。英国通过税收优惠激励个人对科技创新信托投资基金投资，基金出售免征资本利得税，基金分红不征税，持有科技创新信托投资基金 5 年，个人所得税减征投资额的 20%。

（3）融资支持

德国政府为科技型小微企业贷款进行风险担保，并支付利息。科技型小微企业享受“马歇尔计划援助对等基金”的贷款，一些发展潜力较好的科技型小微企业能够得到政策性银行资本金注入，初创期的科技型小微企业能够得到德意志银行的低息贷款。为了方便科技型小微企业融资，每个州都设有小微企业贷款担保机构，政府每年投入 5 000 万欧元对提供贷款的担保机构给予资金支持。英国风险投资较为发达，欧洲投资基金、私营企业、中小企业服务局共同出资设立地区风险投资基金，服务科技型小微企业。对科技型小微企业研发进行风险投资的还有风险投资协会，由小金融主体组成，科技型小微企业得到了该协会大量的资金援助。法国政府为科技型小微企业进行贷款贴息，增加银行服务于科技型小微企业的信贷资金份额和金融机构贷款担保，方便科技型小微企业获得贷款。

8.4.2 金砖国家政策性金融支持模式

（1）财政补助

俄罗斯政府规定地方政府预算和中央政府预算共同出资支持服务科技型小微企业，通过竞标向科技型小微企业订货。中央预算每年拨款40亿卢布建立小微企业发展基金，为科技型小微企业提供金融服务。印度设立中小企业政府风险投资基金，对IT开发企业、准备进入IT的小微企业，以及数据通信、电子商务、网络建设等企业进行资助，成立专项基金资助科技型小微企业数据库和情报网络，成立中小企业发展基金支持信息技术、发电和生命科学。巴西构建小微企业服务站，通过讲座、培训、建立与金融机构和中介的沟通渠道，向科技型小微企业提供技术、资金、市场。南非构建了中小企业署技术服务站计划和技术计划、国家孵化行动计划，设立技术服务站、专业孵化器、创新中心，提供技术、资金、孵化平台，服务科技型小微企业。中国构建了科技型中小企业技术创新基金，进行资本金投入、贷款贴息、无偿拨款支持科技型小微企业科技创新和成果转化。

（2）税收优惠

俄罗斯简并小微企业增值税、销售税、利润税、社会税、财产税为收入统一税，因此小微企业税负降低50%。印度研发投资税前全额扣除，小微企业创业前3年的原材料投入和科研薪酬可限额抵扣，支付给研究机构、大学、实验室和科研项目支出，125%税前抵扣。巴西研发设备和仪器免征工业产品税，计算机企业研发支出可享受50%的所得税减免，研发无形资产投资一次全额抵扣，研发设备采用加速折旧法，构建小微企业赋税系统，简化纳税环节，并降低税负。中国研发费用150%税前抵扣，科技型小微企业所得税减半征收，环保、科研设备采用加速折旧法，提高增值税起征点，小微企业贷款前5年免征印花税。

（3）融资支持

俄罗斯储备银行宣布对中小企业贷款额增加2倍，总信贷规模达3.6万亿卢布。印度出台了中小企业延迟付款利息法案，对延迟付款6个月、现金总额流失50%的中小企业，储备银行提供恢复措施。南非构建专门服务于科技型小微企业的金融机构，并增加对科技型小微企业的信贷供给量和服务。中国政府要求提高银行对科技型小微企业的信贷投放，降低融资费用，放宽短期融资券、集合债券、集合票据发行量，提高科技型小微企业不良贷款容忍度（程春美等，2013）。

8.5 政策性金融支持措施

8.5.1 适度放宽金融政策

降低金融市场准入门槛。准入门槛降低，可增加金融市场供给主体，吸收更多的民间资本投资金融市场，形成民间小金融机构、大型商业银行、担保机构、风险投资银行多元、多层次的金融市场，有利于金融供给竞争。民间小金融机构能够发挥交易成本低、信息不对称程度低优势，为科技型小微企业提供小额、便捷的金融服务，大型商业银行能够发挥资金雄厚、信誉度高、服务质量好等优点，为收益高、发展前景好的科技型小微企业提供信贷额度大、利率稍高的上乘融资需要。

适度放宽利率管制。信贷资金是稀缺资源，适度升高利率价格上限，能有效增大资金供给量，实现资金供求平衡，缓解科技型小微企业融资约束。当前利率市场化的基本条件已初步具备，但是各市场主体地位仍未形成，利率市场化要谨慎，适度提高贷款利率价格上限，并在发达地区试点，检验积极影响和可能的消极后果。

8.5.2 加大政策性金融支持

增加原有中小企业技术创新基金的规模。借鉴巴西的做法，成立中小企业服务站，吸引民营资本投资，培养科技型小微企业获得金融支持的能力，如介绍国家支持科技型小微企业的政策和法律，培训会计准则，完善会计信息披露，降低金融自我排斥；降低信贷利率，增加对科技型小微企业的信贷规模。借鉴俄罗斯的做法，立法明确政府向科技型小微企业订货，合并科技型小微企业征税税种，把科技型小微企业营业税、增值税、印花税、所得税简并为科技型小微企业专门税，降低企业税负。借鉴法国的做法，科技型小微企业创业被给予更高的财政补贴，延长免征所得税的年限，科技型小微企业吸纳就业人员被给予更高的财政补贴。借鉴英国的做法，科技型小微企业投资失败者被给予失业补贴，设立地区风险投资基金，该基金是混合所有者投资，民营资本投资比重可达到总资本的50%，增加对科技型小微企业风险投资的资金规模。

8.5.3 建立融资信任治理机制

我国征信系统还不完善，征信范围不能共享抑制了科技型小微企业融资机会，系统主体信息不对称增加了企业违约、失信。建立科技型小微企业的融资信用治理机制就是政府立法明确政府、担保机构、金融机构等主体服务于科技型小微企业融资信用信息的权责利安排，保障科技型小微企业信用信息真实完整、互利共享。科技型小微企业融资征信依靠治理机制，包括交易治理、关系治理、信息技术治理。交易治理包括契约安排、制度机制和激励机制。各主体选择适宜的方式，形成政府有效监督、企业自我约束、金融机构约束激励、社会组织支撑“四位一体”的融资信用治理机制，包括：主体利益明确、信用制度完善、信息共享方案明晰。关系治理指多元主体的良好关系需要利益激励和激励治理，关系治理质量高，各主体互动、信息共享程度就高，协作安全感增强，更信守承诺和守诺。信息技术治理是融资信任治理的共享因素，信息技术有利于各主体沟通，主体关系更加密切，组织决策更高效（张玉明和王春燕，2017）。

8.5.4 完善互联网金融

政策性金融资金规模有限，商业银行服务于大企业，而互联网金融投融资门槛低、金融脱媒、低信用风险，更多考虑客户的便利而非利润，具有普惠性，是与科技型小微企业相匹配的融资模式，政府应该给予更大的政策性支持。互联网金融依靠互联网、社交网络、大数据、云计算，实现投融资主体直接交易，低成本服务客户，实现了金融脱媒。互联网信用数据平台吸纳了众多小微投融资主体，有利于分散信息的生成，弱势方制定规则有利于信息监督，价格发现功能会将信用风险转化为信息，有利于风险发现和识别，降低了金融风险。适宜科技型小微企业的互联网金融模式包括大数据小额贷款、P2P 网贷、众筹、电子金融机构融资等。但是，大量的跑路现象和大学生裸贷说明互联网金融还不够规范，存在第三方支付风险、投融资风险，亟须政府立法规范互联网金融风险，建立互联网金融风险预警机制，加强对互联网第三方支付资格的审查，为互联网金融发展提供安全保障（王黎华等，2016）。

第9章

科技型小微企业风险投资支持分析

党的十八大提出创新驱动发展战略，党的十九大提出“加强对中小企业创新的支持，促进科技成果转化”。党中央把科技创新放在国家发展的核心地位，强调创业风险资本对科技创新的重要作用，并通过财政补贴、税收优惠等支持风险投资，风险投资形成了多层次、多元化、多渠道的科技投资体系。但是与美国等发达国家相比，中国风险投资起步较晚（陈思等，2017），资本市场不发达、风险投资人才缺乏、政策性支持不完善、风险投资治理机制不规范，制约了风险投资对高新技术企业创新发展的支持。本章分析了风险投资的运作机制、共生系统、价值链，借鉴美国风险投资的先进经验，提出了风险投资支持科技型小微企业创新的对策。

9.1 风险投资的运作机制

风险投资的运作机制包括资本动员、运作和退出。

9.1.1　资本动员

资本动员即风险投资筹集资金。资金的提供者是机构投资者、个体投资者、政府。机构投资者如保险基金、养老基金，个体投资者如家庭、个人等，政府也是风险投资的提供者。在中国，政府是风险投资的主要来源，在国外，机构投资者是风险投资的主要来源。

9.1.2　运作

运作即风险投资项目的选择。风险投资项目应具备三个标准：成长速度快、市场前景好和管理团队优秀。高成长是由风险投资资本高风险决定的。风险投资项目高风险，所以投资者要求高回报，只有高成长才能满足这一要求。市场前景好是高回报的必要条件。风险投资并不介意投资初期的亏损，只要退出时能实现高回报就意味着风险投资的成功，这需要风险投资项目有好的市场前景和优秀的管理团队。风险投资最重要的成功因素是管理团队的选择，由于信息不对称，投资者不可能把钱投资到一个陌生的企业，投资者要求管理团队与投资者有相同的价值观念和认可的管理者，而这种选择是一种投资者的个人判断，也意味着风险。

9.1.3　退出

风险投资不是永久性投资，一般期限为7—10年，不是为了获得企业长期持续回报或企业控制权，目的是通过退出获得高额回报。风险投资退出包括首次公开募股（IPO）、出售、管理层收购、清算。对风险投资企业来说最佳的退出方式是首次公开募股，以获得高额回报。最差的退出方式是清算，项目失败强制退出。

资本动员、运作和退出不是一种单向循环。资本动员为项目运作提供资金，运作效果越好，投资收益越大，退出效果越好，资本动员融资成本越低（赵昌文等，2009）。

9.2 风险投资共生系统

共生系统是社会经济生活中，经济主体广泛存在的物质联系，包括共生单元、共生模式和共生环境（袁纯清，1998）。

9.2.1 共生单元

共生单元是共生体的基本物质条件，是共生体的基本能量和交换单位（萧灼基，1998）。

风险投资是通过一定的机构筹集风险资本，投资到科技型小微企业，实现高成长后，推动首次公开募股，实现高收益的投资体系。企业风险投资是一种特殊的资本，追求高收益，承担高风险，而科技型小微企业具有高风险、高收益、高成长特征，为风险投资的高收益提供机会。创业风险资本投资科技型小微企业，向科技型小微企业注入发展资金，分担科技型小微企业投资风险，风险投资和科技型小微企业建立了互补、共栖、共生单元。

9.2.2 共生模式

共生模式即共生关系，是共生单元之间相互作用的形态，既反映单元之间的联系，也反映单元之间作用的强度（萧灼基，1998）。共生模式的过程包括共生主体间信息、能量、物质的生成、配置和交换，共生模式的趋势和价值是共生主体间共同发展、共同激发、共同适应、共同进化。通过共生过程，各共生主体提高功能、效率，增强生存能力。

根据资源依赖方式，共生模式包括偏利共生、寄生、非对称互利共生和对称互利共生。根据组织形式，共生模式包括点共生、间歇共生、连续共生和一体化共生。

偏利共生是一个生物学概念，即共栖，物种生活在一起，仅对一方有益，而对另一方没有影响。从经济学观点看，偏利共生系统能产生新能量、新价值，但资源的流动仅惠及一方，另一方无所得。根据理性人假设，如果创业风险资本投资到高新技术企业不能从投资中获益，则投资会被终止。寄生是一个生物学概念，两种生物生活在一起，一方为另一方提供住所和养分，一方收益，另一方受害。经济学的寄生是指资源的单向流动，不能产生新能量、新价值。如果风险投资家为科技型小微企业提供资本和管理，不能获得收益，风险投资家就不愿进行投资。非对称互利共生实现了资源从单向流动向双向流动进化，合作能给双方带来能量和价值，但是利益主体间能量和地位分配不对等、不同步，所以在非对称互利共生条件下，风险投资家向科技型小微企业投资不稳定，不能形成利益均衡，一旦风险投资家有更好的投资机会，将终止合作关系。对称互利共生是指共生单元地位平等、进化同步，资源互补性强、依赖度紧密、信任度高，双方能通过平等对话、交流、协商，实现资源的双向流动和多边交流，达到收益分配均衡、平等、互惠、双赢。对称互利共生是共生系统进化的目标。风险投资家和科技型小微企业只有双方对称互利共生，才能可持续发展，形成科技型小微企业和风险投资群簇。

点共生指共生单元联系很少，共生过程短暂，风险投资和科技型小微企业不能形成共生系统。间歇共生增加了共生单元联系的次数，但是双方关系不稳定，不能建立风险投资和科技型小微企业必然的联系，不能形成稳定的共生系统。连续共生指共生单元联系密切、关系稳定，在共生关系中，各自独立，分享收益，并推动共生系统的发展。一体化共生是连续共生的高级形式，共生单元是收益共享、风险共担的利益相关者，良好的经营环境和政策吸引了大批的科技型小微企业和科技人才，形成产业群簇，给创业风险资本提供了市场机会，产生创业风险资本区域群簇，风险投资家的出现实现了区域创新网络连接，产生风险投资和科技型小微企业一体化共生。

9.2.3　共生环境

共生环境是共生单元存在的外在因素的总和，是共生系统发展的外生条件（萧灼基，1998）。良好的共生环境能便利共生体获得信息、物质和能量，共生体和共生环境是发展变化的，初始共生体和初始共生环境产生后，根据时空变化，共生体和共生环境不断变化。

风险投资和科技型小微企业的发展，需要政策、法律、金融、中介、科技、人才、经济、文化等外在共生环境的支持。政策和法律环境为风险投资和高新技术企业共生系统经营管理提供公平、良好的保障机制，金融环境为共生系统提供资金支持，促进“血液循环”，中介服务为共生系统运营提供便利，科技环境为共生系统提供创新基础，人才环境为共生系统提供智力支持，经济环境为共生系统快速发展提供土壤，文化环境为共生系统提供精神氛围。在上述共生环境中，政策、法律环境起主导作用，是支持风险投资和科技型小微企业发展的加速器（杨青和彭金鑫，2011；刘志辉，2015）。

9.3 风险投资价值链分析

风险投资资本不像产业资本投资到企业形成永久固定资本，因为法律年限规定，所以是一种流动资本要素，包括动员、投资和退出，并通过动员→投资→退出的不断循环，以实现价值增值。

9.3.1 动员过程

动员过程是风险投资价值链的开端。风险投资家凭借过往业绩、声誉在创业风险资本市场募集资金，风险资本供应量是过往业绩、声誉和预期收益的函数。好的过往业绩能吸引一流的证券承销商，降低筹资成本，能找到一流的创业家寻求风险投资，发现更好的投资项目，并能促使风险企业成功上市，通过首次公开募股成功退出，获得风险投资收益。过往业绩和声誉依靠创业风险资本家的能力和智慧，促使企业成长，实现价值增值，也因此增大未来预期收益。

创业资本家通过动员获得资金，则闲置资金转化为可供投资的风险投资资本，资金实现了转变，并通过契约的形式确定了预期收益，把风险资本家和投资者相连接。风险资本家也因此承担了风险，必须努力实现高收益，通过激励约束机制实现高于传统收益的预期收益，资本实现预期收益的转变。所以，创业风险资本是一种冲动资本，蕴藏着巨大能量。

9.3.2 投资过程

投资是风险投资价值链的第二阶段。风险投资家的投资过程就是寻找高新技术项目，该项目的收益必须是高于平均产业收益的风险收益，科技型小微企业具备这样的特征，出于降低交易成本和资源成本，科技型小微企业群簇形成，即产业集中。风险投资也因此形成了产业集中和区域集中，如：美国风险投资集中在硅谷，英国集中在大伦敦，加拿大集中在渥太华和魁北克，印度集中在班加罗尔。

群簇效应包括科技型小微企业群簇效应和风险投资群簇效应。对单个企业来说，产业群簇是一种外在效应，能生成良好的产业环境，降低资源的成本。对于区域内群簇企业来说是一种内在效应，组织间能更好地协调，降低交易成本，实现规模经济。群簇效应能缓解资源约束（Porter，1998）、降低要素成本、增大科技人才规模、提高生产力、产生知识溢出效应（Henderson，1994）和规模正收益（Saxenian，1994），实现集群企业间相互学习、产业链灵活分工和集体行动，较单个企业效率更高（李新春，2002），群簇效应随着该区域高新技术企业数量的增加而增加（Carlton，1983）。科技型小微企业群簇效应导致了风险投资的群簇效应。科技型小微企业群簇→吸引大量风险资本进入→激发创业活动→形成风险投资的群簇效应。风险投资群簇效应的价值包括：信息价值、成本价值、资源共享价值、信誉价值。①信息价值。风险投资家寻求高收益项目意味着高风险，需要从科技型小微企业群簇寻求创业项目，因为从企业群簇能够准确、快捷获得大量项目源和市场信息，企业群簇的区域集中有利于风险投资家和企业家交流、建立关系、传递知识，活跃风险投资环境和氛围。②成本价值。科技型小微企业群簇有利于风险投资家搜寻相关信息和风险投资项目，降低搜寻成本，因为同在一个区域，有利于风险投资家开展投资活动、决定风险投资组合、开展经营管理活动，降低投资风险和投资家协调成本及经营管理成本。③资源共享价值。为了协调和管理，企业群簇和风险投资家群簇产生了商会和行业协会以及配套的专业化服务，政府也更容易组织、协调、管理、服务、建设，群簇效应使风险投资家获得政策资源、商会服务、平台信息、科技人才、基础设施变得容易和便利。④信誉价值。企业和风险投资家形成区域群簇，有利于纵向、横向信息交流和竞争，为了降低群簇内和群簇间竞争损失、交易成本，有利于新观念和新科技的传播，他们必须自我约束，相互信任，建立信任机制（赵昌文等，2009）。

群簇效应是风险投资通过市场机制进行资源配置的一种自然选择。目的是有利于风险投资产业链价值增值。

9.3.3 退出过程

风险投资高收益是通过推动投入企业上市来完成，资本市场对风险投资具有促进作用。退出是风险投资价值链的最后环节，风险投资的退出方式多样，退出方式不同，风险投资实现的价值大小不同，首次公开募股是最佳的投资方式，能够实现风险投资价值的最大膨胀。

通过资本市场，顺利进行首次公开募股，实现了风险投资高回报率，也建立了风险投资家良好的信誉，为下一轮的风险投资筹资奠定了声誉基础，有利于吸引到一流的风险企业家，以及吸收更多闲置资本进入风险投资产业，促进了资本市场的发展，进而推动了科技型小微企业的发展。

创业板市场是提高资本流动性、市场资本率、投资回报率的关键，投资回报率越高，资本市场聚集力越强，投入率就越高。

9.4 美国风险投资支持高新技术企业的经验

9.4.1 政策性金融支持

美国风险投资的60%免交所得税，剩余的40%减半征收。风险投资利得税率从一开始的49%下降到20%，2003 年又下降到15%。风险投资损失税前抵扣，个人扣除限额为3 000 美元，中小企业扣除限额为10 万美元。政府对初创期的科技企业进行投资和信贷担保，设立创险投资引导基金，鼓励风险投资机构投资科技企业，设立小企业投资公司，扶持处于种子期和初创期的科技企业，并通过利率、税率、财政补贴激励金融机构、风险投资机构、民间资金投资和贷款给种子期和初创期科技企业，苹果、英特尔、联邦快递等在初始阶段均得到政府的风险投资支持。政府与中小投资公司共同为科技企业提供风险资本，通过政府低利率进行杠杆贷款、发行可转换债券。美国还制定了《中小企业投资法》《小企业技术创新转移法》《小企业股权投资促进法》《新市场风险投资计划》等政策，保障风险投资的发展。

9.4.2　发达的资本市场

资本市场是科技企业直接融资渠道，股权融资成本低、效率高、规模大，发达的资本市场完善了风险投资的退出渠道，美国风险投资也较欧洲国家、日本发达的重要原因是资本市场发达。资本市场发达有利于风险投资的发展，资本市场越完善，筹资功能越强大、灵活，风险投资回报率越高，推动了国内外风险资本积聚。美国资本市场具有层次性、各层级连接畅通、分布广泛。多层次的资本市场能够满足不同规模科技企业融资需要，美国主板市场发达，包括纽约证券交易所（NYSE）、美国证券交易所（AMEX）、费城证券交易所（PHLX）、波士顿证券交易所（BSE）、芝加哥证券交易所（CSE）、太平洋证券交易所（PSE）等证券交易所，为大型企业上市融资服务。纳斯达克市场是二板市场的代表，是全球第一个电子交易市场、全球最大的无形交易市场，为众多科技型中小企业融资服务，推动了微软、思科等科技企业初创期的发展，适宜高风险、高成长的中小科技企业融资需要以及提供风险资本退出渠道。纳斯达克小型市场进一步降低了中小科技企业融资门槛。场外交易市场是三板市场，更宽松、快捷，通过交易网络满足中小科技企业融资需要和创业风险资本退出。粉红单市场是四板市场，不需要注册会计师财务审计报告，适宜科技型小微企业融资。资本市场多层次顺畅连接，企业股票根据自身发展可以在不同层级资本市场递进和递退，构建转板机制，转板成本低廉。

9.4.3　成熟的人才培养和激励机制

风险投资主要是对科技企业投资，风险性较强、专业化程度较高。资本动员需要丰富的金融知识、政策法律知识和良好的经营管理信誉积累，这样才能募集到低成本、足额的资金；项目的选择需要有政策法律知识、项目投资知识、高新技术知识和未来前景判断的冒险精神，这样才能发现高风险、高成长和高收益项目。风险投资需要复合型专业人才，美国政府在基础教育阶段就设置了创业、就业课程，在大学更注重跨学科复合型人才的培养，并在国家层级构建科技人才培养管理网络，因此培养了大批掌握资本市场知识、高新技术知识、政策法律知识、经营管理知识和财务知识的复合型风险投资人才。为降低代理成本，美国建立了完善的激励机制，激发经理人的管理热情，最大程度地发挥他们的才能，如给予经理人风险投资收益20%的奖励。

9.4.4 完善的风险投资治理机制

完善的风险投资治理机制推动了科技型小微企业和风险投资群簇效应，以及知识经济的繁荣，成为科技强国。美国投资环境优越，资本市场成熟，能很好地反映企业业绩，政策法律支持及行业协会高效率加之科技企业和风险投资群簇使项目选择、运营管理、信息获取变得便捷、低成本，并容易进行联合风险投资、风险投资组合和项目的管理。风险投资公司治理完善，其合伙人制度是风险投资的主要形式，占风险投资的85%，分一般合伙人和有限合伙人。一般合伙人为经理人和基金发起人，承担无限责任，出资额为1%，有限合伙人承担有限责任，出资额为99%，有限合伙人组织形式产权明晰、监督激励机制明确，经理人无限责任和较强的激励机制有效地解决代理成本问题。完善的经理人市场激励约束经理人努力工作，有利于高新项目的快速成长。发达的资本市场便利风险投资退出，获得资本增值收益（张佳睿，2014）。

9.5 完善风险投资的建议

9.5.1 加大政策性金融支持

市场配置资源的缺陷是市场失灵，尤其是企业收益小、社会收益大的风险投资项目，政策性金融能够治理市场失灵导致的资源配置扭曲。政策性金融具有普惠性，如税收优惠能使每一个科技型小微企业受益，财政补贴、退税、免税、利率优惠能够分担创业投资风险，引导有限资源流向国家优先发展的行业和领域，激励创业风险资本加大投入。政策性金融具有外部公司治理功能，促使企业改善经营管理，努力研发新技术、新成果，获得更多的政策性支持。政策性金融支持具体包括加大对风险投资财政补贴、降低税率、简并税种、增加风险投资抵扣额度、抵扣率和抵扣年限，给予金融机构、担保公司、保险公司服务科技型小微企业更多的财政、税收优惠，缓解科技型小微企业融资难题，完善立法，使政策性金融支持风险投资具有可持续性、稳定性（韩俊华，2013）。

9.5.2 发展资本市场

风险投资支持高新技术企业离不开发达的资本市场，资本市场有利于风险投资资本动员和创业风险资本退出，实现风险投资收益。科技型小微企业高成长需要大量资金供给，股权融资规模大，能够满足高成长需要，建立多层次资本市场能够满足不同规模、发展阶段科技企业融资。发展区域资本市场，区域资本市场能够降低信息不对称，对于发展情况良好的科技型小微企业，政府要大力支持在区域市场融资，等发展到一定规模，再推荐到三板市场融资。资本市场的多层级和链接有利于资本市场的递进和递退，更有利于激励和约束风险投资发展。政府要直接进行风险投资并建立引导基金，引导养老基金、保险基金、家庭储蓄、境外资金通过资本市场进行风险投资，实现风险投资多元化。广义的资本市场包括信贷市场，银行借款是中国高新技术企业重要的融资形式，抵押品不足是主要的融资障碍，因此，要进行金融创新，发展订单抵押、知识产权抵押、联保抵押，发展担保服务和保险服务，建立收益共享、风险共担的风险投资体系（韩俊华等，2016）。

9.5.3 培养风险投资人才

美国风险投资发达，培养了大批风险投资人才是重要原因。风险投资需要金融、工程技术、法律、财务、现代管理等多学科理论和实践知识。大学是复合型人才培养的摇篮，完善第二学位课程培养方案，进行不同院系、不同大学的合作办学，能够提高风险投资人才的复合性。工科专业可以攻读管理学院的经济管理、工商管理、管理工程、工业工程第二学位，鼓励跨专业报考硕士研究生，本科是工科，可以报考管理和经济专业的研究生。大学培养的复合型风险投资人才还仅仅是理论型人才，实际应用能力较差，所以，复合型风险投资人才也要从风险投资机构从业人员中培养，第一，要进行多学科专业知识的培训和进修，第二，要引导他们善于总结已有的创业投资实践经验，把实践上升到理论。风险投资应该更多地吸收外国资本，创建中外合作风险投资公司，学习国外先进的风险投资管理经验。加大国际合作交流，更多了解国外风险投资技术，或者直接从国外引进复合型风险投资人才（耿庆章，2000）。

9.5.4 完善风险投资治理机制

中国法治不完善，完善风险投资治理机制是保障风险投资运营的必要条件。首先，借鉴美国的做法，建立风险投资合伙人制度，一般合伙人出资额较小，为经理人和基金发起人，承担无限责任，降低代理成本，有限合伙人的出资额为99%，承担有限责任，降低投资风险。风险投资主体多元化，包括政府直接投资和引导基金、养老基金和保险基金投资、居民储蓄投资、国外资金投资，投资主体多元化，有利于监督风险投资运营、管理，更符合现代公司治理理念。适度增加经理人持股比例，这样经理人和投资人利益更趋于一致，激励经理人努力程度。发展经理人市场，能够完善经理人进入和退出渠道，把经理人监督激励落到实处。给予科研人员更大的奖励力度，科研人员是一种特殊智力资产，增加一元的薪酬激励，可能会带来数千元的研发收益。完善风险投资法律治理，保障风险投资健康发展。

第 10 章

科技型小微企业移动金融支持分析

移动金融是基于互联网技术所有金融服务的总称。支付宝、余额宝就是典型的移动金融。移动金融方便快捷，不受时空限制，具有普惠性，并不断进行金融创新。2016 年我国移动金融用户规模超 8.2 亿人，移动金融服务遍及每一个角落，甚至一把青菜、一碗面条均可微信支付。移动金融支持科技型小微企业发展发挥着普惠金融作用，移动金融的手机汇款、远程支付、手机近场支付和小额授信是与小微企业相匹配的金融服务模式。移动金融供应链金融融资降低了核心企业与科技型小微企业的信息不对称，科技型小微企业融资能力得到增强，科技型小微企业使用移动金融的载体手机能够增强其获得市场信息的能力，从而增强科技型小微企业的创新能力。但是，移动金融创新存在的产品同质化、安全风险等问题制约了移动金融创新对科技型小微企业的支持作用，本部分主要研究移动金融支持科技型小微企业创新存在的问题和对策。

10.1
我国移动金融创新演进

我国移动金融创新经历了渠道创新、产品和服务创新、线下集成化发展、变现流量和变现数据金融服务四个阶段。第一阶段：渠道创新。随着第三方支付业务如支付宝业务的发展，移动终端金融线上服务产生，余额宝使用电脑、销售点终端机（POS 机）、手机移动终端实现了从销售到运作再到收益分配全过程金融管理服务。但余额宝属于货币市场基金，仅仅是渠道创新，不属于产品创新。第二阶段：产品和服务创新。该阶段移动金融从第三方支付发展成为线上金融投融资和理财服务，如 P2P 网贷、众筹。该阶段金融产品和金融服务发展较为迅速，P2P 网贷产品有三四千只，但大量的跑路现象说明该阶段的金融产品创新存在安全隐患，风险较高。第三阶段：线下集成化发展。在该阶段金融产品和服务从散乱向集成化发展，从线上走向线下，消费和金融深层融合，应用场景全面铺开。如手机银行应用程序（APP）可实现理财、转账、存款、贷款等线上线下交易结算功能。第四阶段：变现流量和变现数据金融服务。变现流量和变现数据金融服务是巨大的交易数据和移动终端用户身份信息相互融合的移动金融产品和服务，如人工智能投资顾问、个性化资管金融产品。变现流量指移动金融用户较多，移动金融平台能够进行促销广告宣传，扩大产品销售量，增加市场占有率，提升品牌知名度，实现更多盈利。变现数据是指移动金融平台利用互联网大数据、云计算功能为销售企业的平台客户进行消费行为分析等，以实现盈利。当前我国移动金融创新正处于线下集成化发展向变现流量和变现数据金融服务过渡时期，即第三阶段向第四阶段过渡时期（封思贤和臧肖杉，2017）。

10.2 移动金融创新的特点

10.2.1 市场规模迅速扩大

2014 年我国移动金融用户规模为 6.71 亿人（陈尚元，2015），2016 年增长到 8.2 亿人，移动金融用户渗透率为 63.7%，第三方移动支付交易规模增长率从 2011 年的 36.3% 迅速增长到 2016 的 381.9%，不管是交易数量还是数据流量移动支付业务已经远超传统的网上支付业务（封思贤和臧肖杉，2017），移动支付有序扩容（顾海峰，2017），并替代个人电脑（PC）终端成为客户主要的接触方式。

2016 年中国第三方支付规模为 38 万亿元，移动支付规模是美国的 50 倍，移动支付交易规模为全球第一，超市购物、网购、货币基金发售均可采用移动支付。以支付宝为例，2016 年中国有 4 亿月度活跃用户和 100 万线下用户，有 2 万家加油站、80 万个停车场、2 万个体育馆、120 个景点、5 万家酒店、200 万家超市、357 个城市政务平台使用移动支付（闻坤，2017）。

10.2.2 创新领域不断延伸

当前移动金融创新已从手机银行发展到运营商移动金融、移动保险、聚合支付。手机银行有线上转账业务及查询、信用卡手机线上申请及注销、移动信贷等。通信运营商借助无线局域网（WLAN）、光纤、5G 网络的普及，以及网络平台和移动用户数量的巨大优势，移动“和包”、电信“翼支付”上线，通信运营商支付布局形成，并且服务于家庭、个人、社区、商户的移动金融近场通信（NFC）正在形成。医疗险、车险等移动保险核心险种实现了手机终端申请、核保、理赔，并产生了运费险、航延险、碎屏险、信用保险等新的移动终端新险种。第三方支付拉卡拉将散乱金融服务集成化，开辟了“聚合支付”线上平台。蚂蚁金服、京东金融通过入股物流、支付奖励金、推荐产品构建“资金流、产品流、信息流”三流统一金融平台和线下渠道，提升品牌影响力和市场覆盖面。当前，传统金融机构已经成为第三方移动金融的重要客户。

10.2.3 普惠性

借助智能手机的普及、移动金融的低门槛，移动金融服务实现了全覆盖，不管是城市还是农村，均能享受到移动金融服务。移动金融获取信息便捷，大数据、云计算降低其边际成本，不需要银行实体网点，移动支付拉动长尾效应。移动支付克服时空限制，实现 7×24 小时碎片化服务，只要有互联网终端，移动支付就可通过手机随时、随地支付。移动支付从线上融入线下生活场景，通过移动终端融入商务服务全过程。是购物出行、投资理财、资金转账、生活缴费等移动金融服务“一站式”平台，把金融服务与日常生活相融合，增加了用户黏性，如微信支付等。移动终端体现私人属性，通过身份识别、个人偏好筛选、物理定位能够提供个性化服务。可见移动支付对象更广泛、服务内容更丰富，能够解决科技型小微企业各种金融排斥，具有普惠性。

10.3 移动金融创新驱动因素

现代金融理论指出金融创新源于供给、需求、市场竞争，供给指信息技术。

10.3.1 信息技术的变革

技术的更新换代是移动金融产业链形成的主要驱动力。信息技术的发展推动了移动金融用户爆发式增长，并打破原有的金融市场格局。当下，人们越来越离不了信息技术，汽车上、火车上到处都是低头的手机一族，Wi-Fi 覆盖到车站、宾馆、餐馆等几乎所有的场所。希克斯认为信息技术推动金融创新，主要原因是信息技术降低了交易成本。第一，降低了移动终端设备的价格和成本，每个人都拥有至少一部手机，使移动金融服务唾手可得；第二，信息技术使云计算、海量数据收集和处理、平台化成为现实，移动金融服务更加方便快捷、低成本、高效率；第三，使得地理位置、时间空间不再重要，任何时间、空间均能得到移动金融服务，并推动了电子货币时代的到来。信息技术推动了金融创新和移动金融的发展（韩志雄，2015）。

10.3.2　客户需求变化

金融创新的第二个来源是需求引导，需求使金融创新具有可持续性。信息技术的发展给金融服务带来了翻天覆地的变化，金融产品和金融服务增多，客户需求多元化，更加挑剔。如第三方支付、电子货币、大量的网上购物等都是信息技术带来客户需求的变化。当前，上述需求已经成为顾客的主要需求方式，需求规模呈爆发式增长，是巨量的，刺激了金融机构推出移动金融满足客户需求。金融业是信息化的产业，成熟的信息技术、海量交易把金融、信息、数据链接起来，因为金融、信息均是数据，产生了新的交易方式和交易工具，使处于概念化的金融服务变成现实，把客户和金融机构紧密结合到一起。客户需求激发了移动金融创新，信息技术实现了移动金融创新，海量需求给金融业带来利润，降低了移动金融创新的边际成本，推动了移动金融的发展。

10.3.3　市场竞争

互联网金融改变了传统金融交易模式，给传统金融带来巨大冲击。传统银行的基本功能是资源集聚、资源配置、资金结算等。余额宝具有资源集聚、货币基金投资功能，收益远高于银行存款，对银行资源集聚构成重大挑战。网络信贷服务于小微群体，方便快捷，压缩了银行的业务空间。第三方支付、虚拟货币等具有传统银行的结算功能，京东、天猫、苏宁易购的互联网金融压缩了银行生存空间。面对互联网金融的挑战和冲击，传统银行必须加大金融创新，进行流程再造，更新服务终端，重视客户体验，根据客户需求提供金融产品，创新经营模式，摆脱线上固定服务场所的服务模式，进行同业或跨业对接，实现金融和非金融“一站式”服务，以及线上线下一体化经营服务创新、产品创新，跟进互联网发展，构建远程人工服务与智能终端相结合的移动金融。

10.4 移动金融创新产业链分析

移动金融是依靠移动互联网技术进行信贷、支付及金融机构运营管理，载体是手机、掌上电脑、POS 机等智能终端。移动金融的提供者是金融机构、电子商务平台，网络运营商、软硬件供应商直接或间接为移动金融提供服务，共同构成了移动金融产业链。

用户得到移动金融服务只需要一部手机，手机上的服务终端由硬件、软件和互联网组成，硬件供应商生产手机、掌上电脑、个人电脑，智能化、实用、人性化是其产业链价值，软件供应商开发、提供应用软件，其价值是定位、接入和安全服务，并获得收益，激烈竞争产生许多免费软件下载。互联网需要手机用户从网络运营商购买，网络运营商为移动金融提供数据传输等网络运营通道。所以手机等硬件生产企业、软件开发企业和网络运营商是移动金融产业链的前端，是移动金融产业链的基础设施。

用户（手机）、金融机构和电子商务平台，均需要网络运营商提供的移动网络宽带，网速快、价格便宜是衡量运营商服务质量的重要指标，中国移动、中国联通、中国电信、广电宽带、长城宽带、艾普宽带竞争激烈，他们均努力降低报障率，增加市场份额。网络运营商不仅为互联网金融提供技术通道，也发展了移动金融服务，如近场支付和移动支付。

移动金融的主体部分是金融机构和电子商务平台，金融机构为客户和商户提供存款、贷款、转账、账户管理服务，并通过贷款、存款差额和收取转账手续费实现利润，它是一种服务机构，不参与商家和客户买卖合同的制定，一直以来金融机构都是高收益企业，他们的高收益需要匹配较多的业务量，但是金融机构提供的产品和服务具有同质性，差异性较小，相互之间竞争激烈。电子商务平台移动金融的发展，给金融机构带来不少压力，迫使它们必须开发移动金融新产品。金融机构的移动金融发展经历了三个阶段：第一阶段是线上业务，第二阶段是微信银行、直销银行特色产品，第三阶段是建立电商平台，利用海量交易数据增加客户黏性，如 E 商管家、善融商务、融 e 购、交博汇、中银易商等。

移动金融发展源于电商平台，电商平台最初的金融服务是第三方支付，对平台和上下游客户仅提供担保服务，为客户和商家提供资金代管、售后纠纷处理等，如财付通、支付宝。随着第三方支付收单市场竞争加剧，开通了理财投资增值服务，并利用支付渠道数据优势，推出小额信贷、供应链金融、数据增信服务。2013 年小贷、保理、保险代理、基金销售、支付快速发展，并由渠道金融服务发展成为自主金融服务，提升了流量变现能力和平台客户黏性。部分电信运营商和移动设备供应商与金融机构（银联）合作，也开通移动金融功能，这样它们相互提供技术和服务，成为紧密利益共同体。如移动设备供应商的手机汇款、移动电子商务、“爱立信移动金融”，还有电信运营商的手机一卡通、手机钱包等。其他互联网企业也随后效仿，如百度的百赚、百发，腾讯微信支付的个人理财，汇付天下、易宝的安逸宝、生利宝，增加了移动金融产业链的复杂性（刘以研和王胜今，2013；严圣阳，2014）。移动金融产业链如图 10 – 1 所示（翟大伟，2011）。

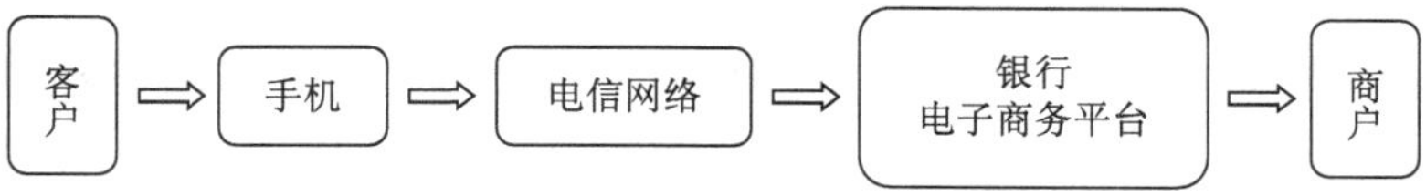

图 10 – 1　移动金融产业链

10. 5
移动金融创新存在的问题

10. 5. 1　产业链结构不完整

互联网改变了人们的生活方式，伴随经济的发展，移动金融消费者多样化的需求被释放，产生众多细分市场，少数金融寡头无法满足细分市场消费者个性化需要，不管是在数量上还是质量上，金融产品和服务还处于培育期和摸索期，市场发展不稳定，风控技术不成熟。

移动金融产业链需要精诚合作，进行价值创造。电信运营商和金融机构缺少移动金融合作机制和统一的行业标准，它们为了各自利益，资金双向渗透，进行产业链控制，制定自己的行业标准，各异的行业标准不利于消费者使用和行业的规模发展（严圣阳，2014；李继尊，2015）。

由于技术、流程受产业链限制，缺少个性化的移动金融支付，支付宝、余额宝、网上信贷主要由电子商务平台主导。

10.5.2 产业链同质化竞争严重

移动金融同一链条竞争同质化。银行业网上银行“一哄而上”，几乎是所有银行的标配。银行电商均是企业对消费者（B2C）、企业对企业（B2B）的模式，以企业对消费者为切入口，服务于电商平台上的供应链贷款、消费贷款、订单贷款等金融服务以及金融结算进行同质化竞争。互联网和电商同业竞争与银行业相似，高峰时期 P2P 网贷平台有上万家，自余额宝问世以后，迅速出现了零钱包、现金宝、定期宝等几十种金融工具，进行着无差异竞争，收益率一家比一家高，超过了货币基金本身收益率，不得不进行补贴。基金、券商、银行等传统金融机构业务模式同样进行着规模无差异竞争，微信平台、电子商城、手机银行、网上银行纷纷出现，新业务一出现立刻变成红海。

移动金融产业链上下游竞争同质化，主要是市场份额分配、金融渠道重构、金融模式重塑。银行存贷业务萎缩，余额宝规模猛增。百度、腾讯、阿里巴巴通过“货币基金 + 海量用户”吸收投资，然后转卖给银行，稀释银行利润；P2P 网贷、阿里小贷同样“侵蚀”银行贷款业务。

10.5.3 信息安全隐患

移动金融的最大优点是不受时空限制，方便快捷，自由度高，然而内部网络（Intranet）不管是广域网（WAN）还是局域网（LAN）都必须与外网相连接，跨城或跨国际的外网安全受多方威胁，如网络黑客攻击，信息传输损毁。安全维护系统庞大，容易出现网络结构设置漏洞，内外部网络链接时，内部网络会被黑客攻击，并传播到其他系统。网络安全除了物理安全，还有网络管理安全，当前网络安全管理法规不健全，可操作性差，管理责任不明确，管理人员监管困难、监管意识差，黑客攻击后，无法进行线索追踪，网络审查权和控制权较弱。

移动金融离不开手机智能终端，随着手机终端智能化加快，智能终端非法接入、信息泄露、信息篡改、信息窃取、移动诈骗不断增多，服务功能受限。

网络犯罪维权法律滞后。用户遭受金融信息泄漏只能通过网络、电话投诉，维权缺少法律依据，公安机关介入较少，维权效果较差。

当前，移动金融创新的法律风险、管理风险、软件风险、技术风险在很大程度上制约了移动金融的发展。

10.5.4　跨界经营增大监管难度

移动金融是开放平台，金融创新较快，业务不受地域、时间制约，增大监管难度。一是跨地区经营。移动金融注册地集中在北京、上海、深圳、杭州等地，服务场所却是全国的各个地方，不管是城市还是农村。比如蚂蚁金融注册地在杭州，余额宝、支付宝、芝麻信用、蚂蚁微贷金融服务遍布全国各地。二是跨境经营。国际板支付宝、财付通、快钱已开通了国际支付业务，如锐波（北京）科技有限公司去中心化的移动金融支付协议，服务于不同国家客户的支付清算，成本低，包括任意货币（外币），甚至比特币。三是混业经营。移动金融是多种金融业务的混合。蚂蚁金融业务包括保险、理财、信贷、第三方支付、信托投资，清算、征信业务也将要开展。

当前我国的分业监管制度框架不利于移动金融监管。如构建金融产品和服务不断创新的防火墙问题，提高网站接入备案、主体溯源、身份认证的可靠性问题，进行异地监管的调查取证、职责划分问题，防范国际洗钱、热钱问题（李继尊，2015）。

10.6 完善移动金融创新的建议

10.6.1　完整移动金融产业链

完整的产业链既要有广度又要有深度，广度是指产业链下游企业的全部需求均能从产业链上游企业得到满足，深度是指产业链每一个环节都应该在本细分市场不断创新，以便提供优质产品和服务，增加产业链价值。产业链的每一个环节都有自己独特的作用，银行等金融机构、电商、第三方支付、网络供应商、移动金融软硬件供应商等都是不可或缺的价值主体，只能和谐共生。银行作为移动金融的主体，应该发挥金融网络技术优势，制定统一的移动金融行业标准，进行产品模式创新、移动终端服务内容创新、产品营销创新、服务渠道整合创新、应用场景创新，服务高端客户，并盘活线下服务优势，使用ATM机和POS机，与超市、商场、餐馆、宾馆、食堂、娱乐场所、影院、公交公司、学校合作丰富应用场景，增加客户黏性。为移动金融服务科技型小微企业等长尾群体发挥服务门槛低、交易客户海量、交易成本低的优势。

10.6.2 构建银行主导的产业链合作机制

银行是传统的金融服务机构，有长期的金融服务经验，技术性强、资金规模大、有执业牌照，在金融链条中最具优势。以银行为主导的移动金融服务更具有专业性、安全性。第三方支付企业由电商平台发展而来，仅是小额支付，并需要借助于银联实现海量支付优势，第三方支付可与银行合作，获得金融网络专业技术和信用担保，银行可获得第三方支付海量交易数据和巨额沉淀资金，构建合作生态圈。银行还应加强与移动金融设备运营商、软件运营商、电信运营商的合作，推进移动电子商务、移动金融创新，把手机支付转变成手机银行，让移动金融更便捷、随地、随时、随心服务科技型小微企业等长尾群体。

银行主导的产业链合作需要有配套的激励机制。按照贡献确定收益分配比例，在合作初期，第三方支付海量交易数据和巨额沉淀资金对增值服务贡献较大，应该给予更多的收益分配权重，在移动金融合作进入稳定期，银行金融网络专业技术和信誉优势凸显，银行收益分配权重应该提高。各产业链可采用相互持股的方式达到长期利益协调。同时，在收益分配权方面还要考虑对科技型小微企业的贡献。

10.6.3 信息安全创新

首先，加强网络安全，建立安全管理制度。站点访问要多层次记录，增加网络安全检测次数，便于黑客攻击后的线索追踪。从源头上进行网络结构安全防护。Web、E－mail、DNS 等公开服务器要进行隔离设置，保护个人信息和科技型小微企业创新信息。对外网服务要求进行过滤拦截，主机只接受正常通信的数据包。建立安全的系统平台，提高漏洞监测、维护、修补工具质量，保护系统安全性。

其次，提高移动金融货币交易电子化安全服务功能。制定交易全流程风险管控措施，加强移动终端安全管理，消除网络操作系统和移动设备操作系统之间的差异，使用互联网协议（IP）地址加密对 Web 服务器和浏览器的网络支付结算信息加密管理，优化系统运行环境。

最后，构建与移动金融安全风险相适宜的法律法规，严格惩处制度，增大网络攻击的惩处成本。增加移动金融硬软件设施，强化报警系统，增加网络物理安全（吴悠悠，2015）。

10.6.4　监管创新

管理难题需要技术创新来解决。电子政务抑制权力寻租，提高行政效率，交通监管系统抑制了车辆违章。移动金融业务流程从申请到撮合再到交易、支付均在网上平台留下痕迹，可查找、可追溯。对于移动金融混业、跨界经营与分业监管的矛盾，除对各部门进行监管协调、明确职责分工外，更应该利用网络平台，整合各方监管力量。

移动金融准入、退出需要网络接入和网站备案。移动金融信息管理规则要明确：先进行金融管理部门业务备案，然后在互联网行业主管部门网站备案，完备事前监测。事中监管要借鉴传统金融监管管理规则，移动金融交易主体日常经营活动如资金流向、交易规模、交易笔数在网络交易平台上利用互联技术进行数据储存、抓取、监测，并借助可能的第三方力量。金融监管部门对移动金融违规行为，应及时溯源、调查取证，切断网络接入并取消网站备案。监管创新一方面能够保护移动金融创新，另一方面能够保护科技型小微企业等金融消费者的利益，实现监管目标。

第 11 章

科技型小微企业互联网金融支持分析

科技创新和经济发展根源于科技型小微企业，苹果、百度等均由科技型小微企业发展而来，科技型小微企业创新发展研发投入巨大，但融资难、融资贵严重制约科技型小微企业发展。互联网金融的迅速发展匹配了科技型小微企业的融资需要，但是面对当前大量的跑路现象，需要学者们加大对互联网金融的研究，以保障互联网金融安全，服务于科技型小微企业融资。

11.1 科技型小微企业融资难传统金融供给原因分析

从传统金融供给的视角看，科技型小微企业融资难的主要原因如下：

11.1.1 政府干预和管制

科技型小微企业是资金需求方，金融机构、资本市场、民间钱庄是资金的供给方，按照“看不见的手”市场经济理论，供求能够实现市场均衡。但为了防止市场失灵，政府通过货币政策调节金融机构的信贷投放，在紧缩的货币政策下，金融机构会因为科技型小微企业的“轻资产、高风险”产生歧视性行为，信贷资源更多地流向大企业；政府的资本、流动性监管，也控制了金融机构的信贷投放量，限制了科技型小微企业从金融机构获得信贷的数量；政府对民间借贷的法律限制，制约了科技型小微企业融资多元化；政府的利率管制抑制了市场上的资金供给，科技型小微企业的高风险导致支付的融资成本必然高于低风险的大型企业，当利率大于市场均衡价格时，资金供给量增加，但利率管制抑制了交易的发生。

11.1.2　金融市场不发达

当科技型小微企业资金紧缺时，按照供求理论，新的资金供给主体就会出现，但是不完善的金融体系导致无法自行实现市场供求均衡。①缺少专门服务于科技型小微企业的金融机构。科技型小微企业为数众多，资金需求总量很大，但是单一的科技型小微企业的资金需求量不能满足大型金融机构的规模经济要求，需要与科技型小微企业数量相匹配的小金融机构，弥补市场空缺，但当前我国小额贷款公司数量很少，多集中在发达地区，没能形成多层次的信贷供给市场。②大型商业银行创新动力不强。四大国有商业银行还没有真正走向市场化，缺少市场竞争压力，出于风险考虑，偏爱集约化的经营模式，不愿降低交易费用以及创新符合科技型小微企业的金融产品和服务。

11.1.3　资本市场不发达

中国家庭储蓄率高达 30%，而科技型小微企业却融资难，资本市场不能发挥应有的投融资中介作用。一方面股票价格不能真实反映企业价值，储蓄存款流向资本市场受阻，创新能力强、发展前景好的科技型小微企业被打压；另一方面缺乏多层次的资本市场体系，中国企业资本市场融资仅占 14%，信贷融资占 75%，美国企业融资 90% 来自资本市场（安宝洋，2014）。而投融资主体的多样性决定了高效的资本市场必然是一个多层次的资本市场。服务于科技型小微企业的创业板市场和场外交易市场不能发挥应有的作用，主板市场科技型小微企业又不符合上市的条件。服务于科技型小微企业的创业投资机构因风险投资退出机制缺乏，没有投资积极性。

11.1.4 自身融资吸引力低

科技型小微企业人数少、规模小、知识产权比重大，科研产品针对某一细分市场，依靠客户订单数量生存，有形资产抵押品很少，具有很大的不确定性，所以银行对订单质押、股权质押、知识产权质押十分谨慎。科技型小微企业公司治理不完善，缺少会计核算、财务管理人才，会计核算和财务信息披露不完全符合会计准则的要求，会计资料也不够完整。科技型小微企业没有真实产品，专利、专有技术等知识产权是企业的主要产品和核心能力，出于竞争考虑，主动披露的意愿较差。科技型小微企业出于纳税考虑也降低了全面、完整地披露财务信息的积极性，进行选择性的财务信息披露。科技型小微企业的知识产权计量和评估具有很强的专业性，加之其不确定性，会计报表不可靠。银行在贷款前要对财务报表进行审核、对抵押资产进行评估，报表和抵押资产风险不利于银行发放贷款。

11.2 互联网金融创新

互联网企业经营金融业务被称为“互联网金融”，而传统金融机构通过互联网经营业务被称为“金融互联网”（马云，2013）。互联网金融更多地考虑投融资客户的便利，而非互联网金融企业利润，金融工具转化自由、成本低廉、服务无缝隙、以客户为本。理想的互联网金融能够在资金融通和支付清算时，实现金融脱媒、信息对称和低信用风险。

金融脱媒是指依靠移动互联网、大数据信息系统、云计算、社交网络等技术，互联网金融模式实现投融资主体直接交易，减少实体金融机构等中间环节，做到低成本、高效率、优质客户服务。投融资交易双方有很低的融资期限匹配成本、风险分担成本，这样大大降低了融资交易成本和资金供给成本，传统金融机构投资成本、人工费用、管理费用等业务成本是互联网金融业务成本的100—1 000倍（陶娅娜，2013）。互联网强大的信用数据平台能够消除时空局限和传统金融机构中间环节，实现快捷支付，市场充分有效，提高了融资效率。互联网金融的平等、开放、协作精神，使其在服务模式上表现为互动式参与和开放式群体参与，在商业模式上表现为组织扁平化、客户平台化，其数据挖掘功能能够识别潜在需求和潜在客户，并服务客户（吴晓求，2015）。

互联网、云计算、大数据在很大程度上降低了市场信息不对称。互联网金融有很低的投资者和融资者准入门槛，很适合科技型小微企业的融资需要。互联网金融多元化的投资主体，有利于打破大金融机构垄断，促进金融市场公平竞争和利率市场定价。因为互联网金融吸引了大量的投资者和融资者，有利于分散信息的生成和使用，具有强大的信息优势，市场信息流动性良好，市场透明度较高，极大程度地降低了信息不对称。互联网金融交易实现主要是因为陌生人之间的信任，这需要确保市场主体提供信息的真实性，互联网金融的市场机制淘汰披露虚假信息者，赋予了信息弱势方鉴别虚假信息的主动权，很大程度的监督、激励信息优势方的信息披露，抑制了信息披露的道德风险和逆向选择；市场淘汰披露虚假信息者来自互联网金融市场上的价格发现功能。

互联网金融信用风险的降低需要信用风险定价机制来完成。信息不对称→金融市场不确定→金融风险→金融收益，这一运行路径极大程度地吸引了金融投资者。互联网金融平台公共信息的生成、传播和获取成本很低，信息不对称成本内化，加之投融资主体众多，使得识别信用风险变得容易，信用风险定价根据资产定价模型和风险收益逻辑，将信用风险转化为信息，信息优势方表现在交易行为中的道德风险和逆向选择，作为交易成本，通过价格机制表现出来，有效地降低了金融市场中信用风险。英国众筹监管规则（2014）就建立了动态最低资本，运用信用风险定价确定平台流动性，即 P2P 网贷、众筹风险资本金根据平台借贷资产总额在 0.20%—0.05% 而递减。这种互联网金融内生的解决信用风险路径有效地挤出了市场中存在的信用风险。

11.3 互联网金融支持科技型小微企业融资模式

11.3.1 大数据小额贷款模式

大数据小额贷款模式，是指电商（如阿里巴巴）根据客户的履约信息、交易资金流、交易次数，在商务平台建立具备大数据客户信用系统的网络小额信贷公司，根据企业信用等级发放小额信贷资金，不需要抵押物，主要服务于科技型小微企业。由于金额小、门槛低、贷款灵活、随贷随还，根据大数据和云计算，电商能计算出每一笔业务的成本和收益，具有系统化和网络化，因而提升了互联网金融的风险定价能力，不良贷款率很低（郭喜才，2014）。

大数据小额贷款模式流程如下：第一，小微企业向网络小额贷款公司提出申请，贷款公司根据大数据系统和在线视频交叉验证申请人的经营状况和财务状况，判断是否进行信贷投资；第二，小额贷款公司运用电子商务平台监督融资小微企业的经营状况、交易行为、资金流、财务状况，将小微企业经营行为、财务状况连续记录，评定信用等级，以降低贷款风险（王达，2014）。

11.3.2 P2P 模式

P2P 模式即点对点模式。科技型小微企业从互联网平台（第三方）搜寻有信贷实力并愿意提供信贷资金的贷款人群，借贷双方直接进行投融资资金匹配，不同于传统金融机构的金融服务，打破了大金融机构的垄断。互联网金融客户聚集、涉及面广、传播快速，极大程度地降低了借贷双方的信息不对称；通过 P2P 模式，科技型小微企业可以自主选择相适应的融资期限和利率，节约了融资成本，多个贷方很大程度地分担了贷款方的投资风险。P2P 融资模式借款期限一般为 15 天—3 个月，信贷金额为 3 万—5 万元不等，最小借款额度为 50 元，方便、灵活、快捷（郭喜才，2014）。

P2P 融资模式流程如下：第一，科技型小微企业通过互联网平台选择合适的利率、期限、客户，进行沟通，达成初步合作意向；第二，通过互联网平台进行银行资金交易流水、营业执照、信用、还款能力审核和认证；第三，借贷双方进行借贷匹配并签订电子信贷合同，然后贷款方通过互联网交易平台即时提供资金，科技型小微企业按期还本付息。

11.3.3　众筹模式

众筹即大众筹集资金模式。科技型小微企业使用互联网平台或社会服务网络平台，向公众募集项目资金，以产品、服务、股权、股息、债券、利息作为投资回报。众筹模式包括股权众筹和创新项目融资两种。该模式创新性强、形式多样、大众化、门槛低，每个科技型小微企业均可向社会大众通过网络平台宣传自己的科技创意项目，获得大众小额投资，实现自己的科技创意，已有的单笔项目融资最高额度达 158 万元（安保洋，2013）。

众筹模式流程如下：第一，科技型小微企业把创意项目计划和融资额度上传众筹网络融资平台，审核通过后通过视频、图片、文字发布详细创意项目融资信息，如项目介绍、融资金额、期限、项目预期现金流和收益率；第二，在指定时间内社会公众或机构将投资转入指定账户，分为达标入账和当即入账；第三，众筹成功，融资方按期向投资者发放产品、服务、股权、股息、债券、利息等（廖传惠，2015）。

11.3.4　电子金融机构融资模式

电子金融机构融资模式指科技型小微企业使用互联网金融门户服务平台，垂直搜索、比价各家电子金融机构贷款的利率、期限、品种、数额、信用等级要求、抵押物，确定合适的电子金融服务机构，并获取贷款。其强大的搜索引擎和比对功能具有快捷、准确的优点，保证了低成本，降低了信息不对称（徐洁等，2014）。电子金融机构融资模式网络平台众多、科技型小微企业客户众多、交易量众多、金融服务多元化。

电子金融机构融资模式流程：第一，科技型小微企业寻找与自身相匹配的互联网金融门户平台；第二，输入融资金额、期限、利率、用途，垂直搜索匹配的电子金融机构；第三，科技型小微企业通过网上银行、电话银行、手机银行、自助银行组成的电子银行服务功能，可靠、高效、快捷地取得资金和服务，有利于科技型小微企业融资。

11.4 互联网金融风险

互联网金融是互联网与金融融合的产物，按照交易主体不同，互联网金融风险包括第三方支付风险、网络融资风险和网络投资风险。

11.4.1 第三方支付风险

互联网金融重要的金融创新是第三方支付，根据终端工具的不同，分为移动支付和互联网支付；移动支付使用平板电脑或手机终端，互联网支付使用个人电脑终端，当前手机和平板电脑（相对于个人电脑）已成为人们主要的互联网交流和使用工具，并且移动支付中的手机支付的免费优惠，使移动支付正在成为主要潮流。第三方支付和传统金融业一样也存在操作风险和技术风险：第三方支付的操作风险指客户支付的操作失误；第三方支付的技术风险指系统的技术容量和技术安全、账户资金窃取、黑客攻击。但是第三方支付风险并不比传统金融业高（吴晓求，2015），互联网金融企业提高互联网技术，增厚税盾和安全性是主要的互联网金融的风险规避措施。

11.4.2 网络融资风险

网络融资指互联网贷款、P2P 网贷和众筹。互联网贷款包括消费者贷款和小微企业贷款；P2P 网贷包括个人对个人借贷和个人对企业借贷；众筹包括股权众筹和债券众筹。这种基于大数据和云计算的网络贷款和传统面对面的征信贷款一样也存在信用风险，但这种基于客户行为数据的便捷贷款与基于先验资质条件的传统贷款相比，风险稍低。网络融资风险包括客户的信息披露风险、缺少风险对冲机制和政策边界风险：客户信息披露不充分会导致网络贷款决策错误风险；风险对冲机制缺乏导致如果较多的借款人违约，会出现跑路现象；政策边界风险指 P2P 网贷如果公开宣传、承诺回报、专业放贷，会被认定为非法吸收存款，股权众筹涉众人数大于公司（合伙人）人数，将被认定为非法公开发行债券。

11.4.3　网络投资风险

网络投资包括 P2P 网贷、众筹、网上货币市场基金。P2P 网贷和众筹的投资收益有资本利息、股权、产品或项目回报；网上货币市场基金收益如余额宝。网络投资自动连接互联网支付功能，投资收益远高于传统金融收益。

P2P 网贷投资风险包括项目经营风险、客户信息披露风险和风险对冲机制风险，如果项目投资现金流较差、贷款人信息披露不真实或不完整、风险对冲机制缺乏或无效，则网络投资风险可能发生；众筹投资风险指项目的预期投资收益差带来的风险，如项目的市场前景不好，则存在网络投资风险（吴晓求，2015）；网上货币市场基金投资风险指流动性风险，因为支付工具和投资产品的自行转换，在支付脉冲高峰时期，可能存在流动性风险。

总体而言，第三方支付中的技术风险和透明度风险是互联网金融中最重要的风险。网络贷款和网络投资的信用风险叠加了透明度风险，因此构建有效、可持续的风险对冲机制是规避互联网金融风险亟须解决的问题。

11.5 互联网金融风险治理

政府对传统金融机构的约束、传统金融机构偏爱大企业、资本市场不发达很大程度地制约了科技型小微企业的发展，互联网金融能够减弱上述问题的影响，为科技型小微企业注入新鲜血液，推动科技型小微企业健康发展、壮大，提高自身融资吸引力。但是互联网金融除了像传统金融机构存在信用风险、流动性风险，还存在政策边界风险和操作性风险（杨东，2015）。当前大量的互联网金融企业跑路现象，充分说明互联网金融风险治理的重要性。

11.5.1 建立风险资本监管制度

注册资本金制度是建立互联网金融的市场准入机制，注册资本金计提不但计提最低注册资本金，还要计提风险资本金。风险资本金能够分担和吸收风险，降低互联网金融的系统性风险和信用风险。风险资本金计提要和资产负债率（相对指标）、融资额（绝对指标）相适应，保障投资者风险吸收能力和金融资产风险匹配。如果平台资产负债率和借款人违约率很高，则平台发出风险预警，此时风险资本金转入投资者风险保障金账户，或转入投资者股份，并进行投资分红；因而风险资本金作为风险转移机制，能够以投资者收益为导向，把投资者不适当的金融风险通过风险对冲的形式分散给金融机构和融资者。风险资本金制度能够保证投资者利益、防范互联网金融风险。

11.5.2 构建信用监管体系

根据《社会信用体系建设规划纲要（2014—2020年）》，信用体系的完善需要政府规制、法律监督和行业自律。立法建立投融资群体的信贷记录，收录经营和财务状况、履约情况，目的是构建投融资群体的信用征信平台。建立信用征信行业协会，征信公司、互联网金融企业、供应链金融商等都要成为信用征信行业协会的会员，协会对会员进行管理，指导会员使用信用信息，并进行行业自律。政府需要根据信用评估机制对大数据库和信用征信体系进行监督，大数据和互联网降低了信息供给成本，信用平台可将信用风险转化为公共信息，并发出信用风险预警。

11.5.3 完善投资者保护

保障互联网金融的健康发展，既要规避资本形成风险，又要建立投资者分离和保护制度。主要是分拆资产，并向有投资能力和相应风险承担能力的投资者配售资产，这需要把投资者划分为成熟投资者和非成熟投资者。成熟投资者指单个项目年累计投入资金超过100万元的企业或自然人，成熟投资者没有非成熟投资者的各项约束要求；非成熟投资者指投资项目在两个以下的投资者，投资额低于净资产的10%，12个月内对单一项目的投资额在1.5万元以内。互联网金融企业不能诱使非投资者投资，互联网金融企业也不能向投资者提供投资建议，融资者要向投资者公告项目和融资说明及履约义务，语言要简单明了，便于理解。金融监管机构要严格监督融资人的履约情况，投资人在冷静期内可以自由撤资，建立金融替代争议解决方式制度（ADR）或金融申诉专员制度（FOS），解决投融资纠纷。

11.5.4　强化互联网安全

如果没有互联网安全，互联网金融将不能正常运行。互联网安全包括互联网电子技术、客户资金管理、内部控制。主要包括：第一，保障互联网数据库和网络主机系统的安全，注重内部控制和监管，防止人为因素破坏、盗取数据和信息；第二，保证进行交易各方注册资料的真实性、交易的合法性，并确保交易数据记录完整无损、交易过程安全；第三，建立网络安全监管系统，保护研发技术、科研成果、客户商业机密、客户注册及交易资料安全，防止外泄（张爱英，2015）。客户对互联网安全的担心，一定程度上限制了互联网金融企业的发展，互联网金融企业要加大互联网技术的研发或引进互联网专业高级人才，确保互联网技术安全。

第12章

科技型小微企业普惠金融支持分析

科技型小微企业人数少、规模小、有形资产比重低、投资风险大，不符合金融机构贷款的"5C"评价标准，很难获得金融产品和金融服务，90%的科技型小微企业因缺少资金而破产，5年存活率低于10%（韩俊华和干胜道，2013），存在严重的金融排斥。针对弱势群体金融排斥，2005年联合国提出普惠金融理念，目前已有57个国家构建了国家层面的普惠金融体系。2015年中国银行业监督管理委员会设立了普惠金融部，2016年出台《推进普惠金融发展规划（2016—2020年）》。本书分析了科技型小微企业金融排斥的原因、普惠金融的经济效应，得出发展互联网金融有利于更好地实现普惠金融，并构建了支持科技型小微企业普惠金融体系。

12.1 科技型小微企业金融排斥普惠金融的原因分析

从普惠金融的视角看，科技型小微企业金融排斥的原因如下：

12.1.1 政府干预

科技型小微企业存在金融排斥，但市场资金供给者众多，比如银行、风险投资等金融机构、资本市场，按照自由市场理论，只要提高资金供给价格，则资金供给量增加，就可以实现市场均衡。但是，金融资源是稀缺产品，政府在资源配置中起重要作用，他们会优先把有限的金融资源配置到大城市和工业区，其他地区能够得到的金融资源较少。政府对金融机构等实行严格的金融监管，如流动性、资本充足率等，导致金融机构在面对高风险、抵押品不足的科技型小微企业时，不得不减少信贷投放。

12.1.2 信息平台缺乏

信息不对称是科技型小微企业金融排斥的重要原因。科技型小微企业是实现科技创新、推动经济发展的根源，发展潜力巨大，百度、苹果均来自科技型小微企业。科技型小微企业的资产是知识产权、科技产品，但由于缺少专业的评级、评估机构，科技型小微企业的知识产权、科技产品不能得到认证。征信体系缺乏加剧了金融机构和科技型小微企业信息不对称。因为金融机构信贷的评估方式是“5C”，即品行、条件、资本、能力、担保品。科技型小微企业高风险、实体资产较少、缺少抵押品，更重要的是信息平台缺乏，缺少品行记录，优质科技型小微企业被拒之门外。

12.1.3 金融产品单一

企业是金融产品的需求者，分大企业和小企业。金融机构是金融产品的供给者，分大金融机构和小微金融机构。科技型小微企业不符合大金融机构的“5C”评价标准，只能由小微金融机构提供贷款。但是在当前的市场状况下，小微金融机构网点较少、金融产品缺乏，而科技型小微企业科技产品专业性强，缺少专业评估机构，很难进行资本化认证。小微金融机构提供给科技型小微企业贷款的边际成本较高，而边际收益较低，产生金融排斥。如果小微金融机构进行技术创新，增加金融产品和服务的功能和品种，并利用当前流行的互联网技术进行科技型小微企业资信平台构建，小微金融机构业务边界将不断扩张，边际成本显著降低，科技型小微企业金融排斥消除。

12.1.4 资本市场不发达

我国资本市场发展起步较晚，上市公司较少，上市融资成稀缺资源，多层次的资本市场体系还没有形成。资本市场“圈钱”、不发股利的“铁公鸡”行为及对投资者保护不足，阻碍资本市场的发展。我国于2013年成立了新三板市场。虽然新三板市场能够实现风险共担、收益共享，符合科技型小微企业的融资需要，但是在成立初期，在新三板市场上市的公司仅有几百家，无法满足众多的科技型小微企业融资需要。多层次的资本市场需要转板市场的有效运行，2017年左右我国主板市场退市率不足0.5%，纽约市场为6%，伦敦市场为11%，有效的转板市场能增加二板、三板市场的容量供给。投融资主体的多样性决定资本市场的层次性需要，但是当前中国资本市场的创业板市场和场外交易市场还没有形成，很多科技型小微企业无法在资本市场融资。

12.2 普惠金融的经济效应

12.2.1 普惠金融含义

普惠金融首先由联合国（2006）提出，强调机会平等、成本和可持续性。国务院印发的《推进普惠金融发展规划（2016—2020年）》（2016）和周小川（2015）强调普惠金融的价格平等、方便、全面和高效。普惠金融是指弱势群体获得金融产品和金融服务的可得性、价格合理性、便利性、安全性和全面性（星焱，2016）。①可得性。在主观上指金融产品和金融服务（网点）获得人口的比重，在客观上指金融产品和金融服务（网点）在不同地域的覆盖程度。普惠金融倡导所有社会成员不分区域和贫富均能享受相同的金融产品和服务，可得性是评价普惠金融最基本的指标。②价格合理性。指金融产品和金融服务定价要遵循市场规律，供给者享有生产者剩余，成本可负担、信贷可持续，并且价格合理，消费者也能得到消费者剩余，价格公平、不存在价格排斥。③便利性。指金融产品和金融服务能实现区域和人口覆盖，并且获得金融产品和金融服务的空间成本、时间成本和交易成本较低。④安全性。指金融产品和金融服务可得、合法、安全，当消费者利益被侵犯时，其权益能够被保护。⑤全面性。指不仅金融产品和金融服务（如资金的存、取、转、借贷）可得，并且金融产品和金融服务要多样化，如理财、信贷、担保、结算、金融教育、增信能够满足多样化群体的需要。

12.2.2　普惠金融经济效应

（1）个体行为效应

弱势群体在得到普惠金融服务时，其经济行为得到改善（星焱，2016）。全球有一半人口没有金融机构储蓄账户，不能享有任何金融服务（Chaia，2009；星焱，2016），普惠金融给予穷人、科技型小微企业等弱势群体享受金融参与权和受教育权，如帮助开立账户，激发其权能，获得贷款等金融交易权，并通过立法和教育确保金融产品和服务公平和透明，弱势群体享有公平交易权，不被欺诈。科技型小微企业通过开立账户，获得金融服务和教育，经营规模和投资额迅速扩大，如肯尼亚女性打工者个人投资增长 45%（Dupas & Robinson，2013）。

（2）经济增长效应

普惠金融优化科技型小微企业融资环境和资源配置，增强了科技型小微企业创新能力、投入产出水平，扩大就业。中国当前市场主体小微企业占 95%，占 GDP 的 60% 和就业率的 80%。服务于科技型小微企业的普惠金融体系，如信贷、增信体系建立后，中国的科研水平、创新能力、就业率、GDP 将显著提升（星焱，2016）。发展针对科技型小微企业的小额保险服务，能分散科技型小微企业经营风险，增强科技型小微企业抗风险能力，降低破产概率，减少破产损失。

（3）社会发展效应

给予弱势群体普惠金融支持，能够降低金融排斥，帮助低收入人群消除贫困，实现国民经济健康发展（Aghion & Bolton，1997）。第一，低收入人群收入增加，优先用于日用生活消费、医疗和教育，这将提高人口质量，直接和间接推动国民经济增长；第二，低收入人群收入增加，“养儿防老”观念减弱，推动养老福利的改善；第三，低收入人群收入增加，能够缩小贫富差距、缓解金融排斥、减少社会不公，从而降低犯罪率。富人收入增加，仅增加奢侈品消费，医疗、教育、日常消费已处于饱和状态，边际贡献有限（星焱，2016）。

（4）有效需求增加

弱势群体得到更多的金融教育和金融保护，能够提升劳动生产率、金融有效需求和国民创新能力，降低犯罪率。2012 年，G20 峰会指出发展普惠金融要加强对弱势群体的金融消费者保护和金融教育，以增加金融产品和金融服务透明度，减少“欺骗性”金融犯罪和增加金融创新，升高国民“金融幸福感”（Atkinson & Messy，2012）。金融教育能够提升弱势群体智力资本水平，从而优化社会创新能力，提升劳动生产率。低收入人群知识存量低，获得金融产品和金融服务能力差，如中国农村的自动取款机和电子销售点（EPOS）等自助服务、微信支付、网络理财、网上购物、第三方支付使用较少，普及金融知识能够优化金融环境，减小金融服务障碍，增加金融服务需求，推动经济发展。

12.3 互联网金融与普惠金融的耦合

12.3.1 降低交易成本

传统金融机构热衷于给大企业贷款，因为大企业财务信息披露规范，信息不对称程度低，有充足的抵押品和良好的信用记录，偿债能力强，违约风险小，边际成本低。而科技型小微企业则相反，并且边际收益低，自然形成了对科技型小微企业的金融排斥。互联网金融能降低交易成本，消除金融排斥。

第一，互联网金融脱媒减少了金融中介的网点设置及人工成本，互联网金融提供网络平台，资金供需双方能够自行进行资金匹配、定价、成交，减少信息收集成本、网点设置成本和运营成本。

第二，互联网运营效率高效，如第三方支付。第三方支付公司代替大量客户与金融机构进行二次结算，实现规模经营，降低了清算边际成本。

第三，互联网运营标准化，降低了金融交易的专业化程度，业务处理速度快，不受时空限制，快速吸收闲置资金，为客户提供低风险、高收益、灵活性强的余额增值服务，体现了普惠金融特性。

12.3.2　减少信息不对称

互联网金融使用大数据进行信息处理，降低信息不对称，增强了风险管理效率和风险定价。在互联网平台，社会大众均可对某一信用主体进行信用评价，实现了分散信息聚集化、含蓄信息显性化、私人信息公开化，这种大众点评原理实现了信息对称化和信息均等化。

投资者通过互联网交流，传播投资者情绪，使得证券市场价格预测性更高。大数据分析将互联网信息进行分类、整理，市场定价效率更高效，接近有效市场假说（王黎华，2016；谢平，2015）。

大数据提高保险精算度，根据个体差异性制定保费价格，保费价格考虑家族遗传基因、职业、饮食习惯、身体运动情况，并适时调整，如根据驾驶员的行为进行定价保险，并完善驾驶行为（王和，2014）。当前互联网技术不断发展，精算效率不断提高，互联网金融保费基本实现了完美的风险转移模型，即公平、自由、自愿，保险产品丰富，保费公平，有风险偏好的人自愿接受风险转移（Arrow，1970）。

12.3.3　金融服务广覆盖

传统金融机构需要网点铺设成本和人工成本，因为金融资源有限，多集中在大城市和发达地区，其他地方金融排斥普遍。互联网金融不需要网点布局和人工成本，弥补了传统金融机构的不足。在传统金融机构网点布局较少的地区，客户使用手机终端、电脑转账，借贷、投资方便快捷，互联网金融服务使用虚拟电子信号能 7×24 小时全球覆盖，不需要营业网点和自动取款机。早在 2012 年中国人民银行就在 20 个省份进行手机互联网支付试点，2013 年建成移动金融安全可信公共服务平台（MTPS）。《中国互联网发展报告》指出，到 2014 年底，中国网民规模达 6.49 亿人，手机网民规模达5.57亿人，加之手机上网进行金融服务可家庭共享，所以互联网金融几乎覆盖了全体国民。

互联网金融降低客户准入门槛，使科技型小微企业等弱势群体均能享受金融服务。如P2P网贷、阿里小贷、余额宝、百赚、现金宝、理财通、零钱宝、小金库，既方便了科技型小微企业借贷又便于理财，后者碎片化的理财工具是借贷的源泉，互联网金融实现了支付、投资、借贷全覆盖。

12.3.4 可持续性

为了解决科技型小微企业金融排斥，传统微金融机构应运而生。福利学派认为，传统微金融应该被给予更多的政府支持，扶持科技型小微企业和弱势群体，传统微金融具有福利特性。制度学派认为，传统微金融和其他企业应该以营利为目的，否则就无法生存。传统微金融如果以营利为目标，将降低其普惠金融特性，如果以福利为目标，则不具有可持续性，也会使科技型小微企业和弱势群体形成福利依赖，制约自身发展能力。

互联网金融运营低成本、管理低风险，能够把金融产品和金融服务以优惠的价格方便快捷地提供给客户。互联网能进行海量数据收集，计算机储存技术能进行海量数据处理，互联网网银技术能实现全民覆盖，互联网金融标准化的技术收集和处理降低了客户信息的收集成本、加工成本、识别成本，并以此为授信依据。京东、苏宁、阿里电商小贷利用互联网金融平台建立客户信用数据库，依托云计算对客户进行信用评级和风险评估，再进行授信决策，极大地降低了信贷运营成本和坏账风险，以优惠的价格实现了福利和盈利双得，达到相关者利益最大化，具有可持续性（丁杰，2015）。

12.4 支持科技型小微企业普惠金融制度的构建

12.4.1 完善法律制度

金融市场的健康发展离不开法律制度的维护，支持科技型小微企业的普惠金融更需要政府出台相关的法律制度保障其公平。当前法制不完善导致服务于科技型小微企业的金融产品和金融服务供给不足，金融需求压抑，金融排斥普遍，同时也导致金融寻租、金融腐败，降低了金融资源配置效率。明确金融机构支持科技型小微企业的责任，建立专门服务于科技型小微企业的金融机构，完善科技型小微企业信息披露，这些都需要制定完善的法律来保障。比如，出台法律，降低小贷公司准入门槛，优化小贷公司的经营环境，放宽对小贷公司的金融监管和信贷约束，严格小贷公司信贷违法责任。对于服务于科技型小微企业的民间借贷，规范其借贷合同及互联网金融借贷行为，要建立公共金融产品信息平台、规范信息披露，适度进行风险监管，而对于互联网金融欺诈要完善法律追究和处罚制度。完善的法治环境是缓解科技型小微企业融金融排斥、实现普惠金的基础（何德旭和苗文龙，2015）。

12.4.2　完善增信体系

市场经济归根结底是契约关系，契约的履行依靠诚信，诚信是非正式的金融伦理制度，就算是最发达的经济体，许多规则都需要诚信等伦理来约束（科斯，1991）。我国征信体系建设已进行了很多年，主要是根据居民在金融机构的还款信贷记录来构建，具有很强的可靠性、公正性和权威性，但当时互联网还没有普及，主要是根据金融机构账簿记录，没有和互联网有机结合。因为金融排斥，科技型小微企业缺少金融机构信贷记录，这种狭隘的信用平台不能真实全面反映客户的整体信用水平。当前人民金融机构的征信体系建设应该借助互联网技术，客户所有交易均通过刷卡，如购买火车票、缴纳水电费、电话费、住院医疗费、有线电视费，为鼓励该业务的推广，给予客户一定的优惠。为弥补以前征信体系建设的不足，可以借鉴西方国家的经验，进行市场化运作，把腾讯、阿里巴巴纳入征信体系建设的参与方，并享有征信体系建设投资收益，这样由中国人民银行主导的征信体系可以共享当前互联网金融大数据平台，提升各行业的共享程度，弥补当前科技型小微企业在信用平台的信用记录不足，降低普惠金融的交易风险和交易成本（祝民武，2015）。

12.4.3　技术创新

大型国有商业金融机构的“5C”评价标准，科技型小微企业每一条都不符合，于是产生了金融排斥。互联网金融使用互联网技术能准确收集客户的信用评价数据，极大程度地消除了信息不对称，利用市场机制淘汰虚假信息披露者，使参与者识别风险变得容易，准确地评估出客户的信用水平，降低了对客户的信息收集和评价成本，也降低了信用风险水平，因此降低了贷款利率，增大了信贷规模。

互联网金融投资主体多元化，参与门槛低，有利于金融市场公平定价，打破大金融机构存款利率垄断，互联网金融在客户投资上给予普惠。如余额宝，存款利率高于大型商业金融机构的一年期存款利率，并且可以随时提取，具有活期存款性质，增加投资者收益，余额宝可以快速聚集社会上大量零散资金。

互联网金融运用互联网技术进行技术革新，降低了信贷风险、运营成本、贷款利率，升高存款利率，普惠了投融资者。

12.4.4 建立多层次金融市场

实现市场参与者自由进出、诚实守信、市场自由定价需要多层次的金融市场，包括横向的金融市场类型的多样化和细分、纵向的金融市场的等级分层，如按照省、市、县行政区划配套建立场外交易市场和区域金融市场。金融市场按照行政区划分层后，高质量科技型小微企业可以先在本地金融市场进行债券和股票交易。科技型小微企业在当地如果有良好的经营行为、稳定的产品订单，将带来更多的就业和纳税，理应得到地方政府的支持，在地方金融市场融资。当科技型小微企业在当地有好的发展前景和经营业绩，被社会和政府认可，再由政府出面推荐到高一级金融市场融资，金融市场的分级管理增强了地方政府对科技型小微企业的监督和激励，减少信息不对称而发生的盈余管理，有利于金融稳定。众筹就成功地进行股权市场分层，融资主体根据信誉度、创新度、资质等在互联网金融平台发布项目，市场出资人分层进行信息和项目评价，决定是否投资。

第13章

农业科技多层次金融支持分析

2017年中央一号文件提出“强化科技创新驱动，引领现代农业加快发展”，激励金融机构和民间资金参与科技创新。2015年，我国农业科技创新贡献率为56%（李家洋，2016），发达国家为70%，以色列为90%，中国农业科技人才占总劳动力的比重为0.7%（黎红梅和汪邹霞，2016）。中国农业科技创新还很落后，金融排斥抑制了农业科技的发展。“十三五”规划强调农业规模经济的主体是涉农小微企业，与科技型小微企业融资存在类似的困境，如何缓解农业科技企业融资约束是十分紧迫的问题。本书指出了农业科技金融发展的层次性问题，分析了农业科技金融发展理论演进以及农业科技金融支持的层次性，并借鉴国外农业科技金融支持经验，构建了我国多层次的农业科技金融支持体系。

13.1 农业科技金融发展存在的问题

从政策性金融、商业银行金融、保险公司金融和信用服务平台四个层面分析农业科技金融发展存在的问题。

13.1.1 政策性支持不足

农业科技发展保障人民丰衣足食，充足国家粮食储备，社会效益远大于经济效益，具有很强的社会性和公共性。但是农业科技创新投资大、周期长、风险高，投资风险不仅包括研发风险、科技转化技术风险，还包括自然风险，自然风险人力不可抗拒。为了分散投资者风险，鼓励农业科技投资，政府必须增加农业科技金融支持，进行风险分担和风险补偿。当前我国财政对农业科技创新投入还处于低水平，距离联合国粮食及农业组织（FAO）提出的政府农业科技投资占农业产值2%的比率还有很大的差距，不利于农业原始创新和农业现代化发展。

我国财政对金融机构支持农业科技创新补贴较少，农业科技的高风险特征和金融机构的趋利本性导致金融机构不愿对农业科技提供贷款，大量优质农业科技项目因缺少资金被迫下马。当前农业科技成果转换市场机制不规范，保护农业知识产权的法律不完善，农业科技推广“搭便车”普遍，造成投资者成本收益不对等，很大程度上抑制了农业科技创新的积极性，阻碍了农业科技的发展。

13.1.2 金融产品供给有限

农业科技研发周期长，需要资金多，科技成果应用周期短，市场需求变化快，金融机构没有开发与农业科技特点匹配的金融产品和金融服务，对农业科技的金融支持主要是提供贷款，贷款需要抵押品，如土地、建筑物、机器设备，而农业科学研究所、农业科技企业、农民等科技投资主体，多处于欠发达的农村地区，经济实力弱，缺少固定资产抵押品，金融机构不愿进行农产品抵押贷款和知识产权质押贷款，农业科技企业无法通过金融机构的信贷审查，很难获得商业金融服务。

农业科技创新周期长，一般需要7年时间（李巧莎、杨伟坤、杨蕾，2014），而现有的金融机构多是提供流动资金小额贷款，这种小额短期贷款与农业科技创新周期长严重不匹配。服务于农业的金融机构有中国农业银行、中国农业发展银行、农村商业银行，提供中长期贷款的只有中国农业发展银行，中国农业发展银行缺少服务农业科技配套的激励考核机制，农业科技风险大，很难获得贷款。中国农业发展银行规定的20%资本金要求和大企业法人担保，就把农业科技融资挡在门外。

13.1.3　风险分担机制缺位

农业科技存在研发风险、技术成果转化风险、自然风险，投资失败风险大，需要保险公司的资金投入，分担风险并获取风险收益。但是我国当前农业保险体系不成熟，农业保险经营规模较小、范围狭窄、险种有限，保险还仅仅是针对种养业，农业科技成果转化很难获得保险资金。另外，农业保险资金的来源比较单一，多以政府补贴为主，国有商业保险公司和民营商业保险公司不愿进行风险分担，抑制了农业科技创新的发展。农业科技保险范围认定难，费率厘定难，费率厘定要依据过去较长一段时间内的平均风险损失，目前我国缺少这方面的信息平台。保险责任认定难，我国地缘广阔，经济发展不均，自然环境、灾害种类千差万别，很难认定，亏损理赔难，保险产品一般是动植物，保险公司具有信息劣势，很难评估市场价值和损失程度，保险公司对农业科技创新保险分担了更大的赔偿认定风险。

农业科技主体参保意识不强。我国农业是弱质产业，农业科技水平不高，多是农民单户种植经济，虽然是机械化生产，但生产规模较小，生产成本较高，不具有规模经济。农民收入较低、文化程度不高、风险意识差，面对较高的保费率，农民不愿保险。

13.1.4　信息共享平台缺失

农业科技金融是支持农业科技研发、技术转化、产业发展的金融产品、金融服务和金融制度，是农业科技和金融的结合体。金融机构和农业科技企业、农民是资金供给和需求的双方，如果信息平台缺失，信息不对称，信贷交易将无法实现。由于融资约束，信贷资金是稀缺资源，金融机构掌握信贷投放的主动权。但农业科技企业的产品是农业科学技术，具有很强的专业性，如果缺少信息披露平台，将增加双方信息不对称，服务于农业科技的资金提供受阻。如果金融机构服务于农业科技的政策、产品、服务不能有效宣传，农业科技企业就不知怎么样去获得科技贷款，贷款欲望降低，甚至出现自我金融排斥，农业科技金融需求受阻。

构建农业科技企业和金融机构共享的信息平台有利于农业科技金融服务。当前农业科技金融缺少信息共享平台（由信用平台、信息平台和中介平台组成)。信用平台实现信用资本积累,降低信息不对称和违约风险;信息平台服务于农业科技金融信息的供给和信息需求的发布,解决“好酒也怕巷子深”问题;中介平台为农业科技金融交易实现服务,便于供需结合。农业科技信息共享平台缺失是农业科技金融停滞的重要原因之一。

13.2 农业科技金融发展理论演进

农业科技金融理论是支持农业科技发展的重要工具,对构建科技金融制度有重大意义。农业科技金融理论经历了农业信贷补贴制度→农业金融市场理论→不完全竞争市场理论几个阶段,这些服务于农业科技金融的制度和理论是根据当时农业科技金融现状提出的,为当时条件下的科技金融服务作出了应有的贡献。

13.2.1 农业信贷补贴理论

农业信贷补贴理论产生于20世纪80年代,一方面,当时农业生产机械化严重不足,产业链条短、农业服务设施差,农业科技生产落后,劳动生产率低,农民收入低,农村储蓄量少,农业科技资金很难实现自给自足。另一方面,农业科技资金投入大,科技创新周期长,生产自然环境差,科技产品转化风险大,商业银行和农村信用社出于收益风险考虑不愿向农业科技企业和农户发放农业科技贷款。农业信贷补贴理论认为,政策性金融通过利率补贴,缓解农业科技融资约束,实现农业科技投资风险分担,助推农业科技发展。当时农业信贷补贴在很大程度上推动了农业科技发展,但是政策性信贷补贴受益人有限,非农业科技主体会采取欺骗手段或寻租行为获取低利率贷款,破坏农业信贷补贴目标的实现(Adams,1984)。农户和农业金融机构会过分依赖农业信贷补贴,损害金融市场活力(Hayami,1971)。低利率降低了金融机构对农业科技企业和农民贷款的积极性,进而抑制了服务储贷用户中介机构的发展(Braverman,1991)。农业信贷补贴受益人有限,不是一种可持续发展的金融支持(Gulli,

1998)，不能从根本上解决农业科技金融约束，因资金有限、受益人较少，也不具有普惠性。

13.2.2　农村金融市场理论

农村金融市场理论出现于 20 世纪 80 年代后期，强调市场机制的能力，认为政策性金融低利率导致了低效率的金融资源配置，破坏了金融市场均衡。完善的金融体制能提高农民金融储蓄积极性和农村金融储蓄总量，形成可持续的科技金融信贷资金供给，发展民间信贷市场，丰富农业科技融资渠道，是农村金融制度的有益补充。

发展中国家的农民也有很强的储蓄潜力（Otero，1994)，具有激励机制的金融市场机制能提升农民的储蓄热情，形成巨额储蓄，保证农村科技资金供给（Adams，2002)。政策性金融导致了农业科技金融的依赖性和惰性，不利于农业科技的发展和农村经济的发展，抑制了农业科技金融体制的建设和金融深化。建立有激励机制的金融市场，吸引农民金融储蓄和金融投资，弱化行政干预，有利于农业科技金融体制的建立（Shaw，1973)。农村市场金融理论在当时对于推动农业科技发展发挥了一定的积极作用，使利率自由化、市场透明化、储蓄供给稳定、市场均衡。但是利率自由化一方面增加了农民的储蓄热情，另一方面增加了农业科技的融资成本和信贷风险，自身实力差、抵押品不足的农业科技企业很难从市场上获得大量资金（曹协和，2008)。仅仅依靠金融市场机制，缺少了政府指导，金融机构会进行贷款客户筛选，弱小的农业科技企业、农民无法获得贷款，所以农村市场金融机制不具有公共性和普惠性，过于理想化，对于当时经济状况的农村科技和农村经济，不具有适应性。

13.2.3　不完全竞争市场理论

不完全竞争市场理论产生于 20 世纪 90 年代。农村自由金融市场并没有通过自由金融机制解决农业科技资金约束问题，非市场要素参与对缓解农业科技融资约束有其独到的优点，于是产生了不完全竞争市场理论。不完全竞争市场理论认为，由于信息不对称，农业科技企业、金融机构的有限理性，出现了道德风险和逆向选择，市场金融机制不能实现金融资源的有效配置，导致市场失灵和市场扭曲。农业科技金融离不开政府参与（Stiglitz，1981，1989)，政府指导能有效弥补自由市场的不足（Hellmann，

1997）。不完全竞争理论不仅注重政策性金融对农业科技的资金支持，更注重政策制定和政策引导，形成多层次的农业科技金融发展体系，拓展了农业信贷补贴理论的内涵和外延。

不完全竞争市场理论认为，借款组织化有利于解决市场信息不对称和市场参与者有限理性，同类型借款者聚集能抑制各自的自利行为（Tassel，1999；Ghatak，1999），联保贷款能够实现相互监督，降低借款人从事高风险项目，解决资产替代问题（Stiglitz，1990；Besley，1995），农业科技团体贷款优化了信贷资源配置效率（Laffont，2000；Ghatak，2000）。不完全竞争市场理论弥补了农业信贷补贴理论和农村金融市场理论的不足，适应了当时农业科技金融的需要（丁志国，2016）。

13.3 多层次农业科技金融支持分析

从农业科技金融理论发展可以看出，商业金融和政策性金融都不能单独解决农业科技金融排斥问题，因为农业科技金融包括商业金融、政策性金融、商业金融和政策性金融结合三个领域（毛道维，2014），所以，农业科技金融既要具有公共性、普惠性，又要具有市场性、可持续性，必须建立多层次（政策性金融层次、商业银行层次、互联网层次）的农业科技金融支持体系。

13.3.1 农业科技政策性金融支持分析

（1）分散风险

农业科技不确定性高、投资大、周期长、风险高，政策性金融具有系统的风险分担机制，表现出层次性。第一，农业科技企业初创期，政府的农业科技补贴、政府风险投资和创新基金，能够实现农业科技企业创业风险分担，有助于创业成功。第二，农业科技企业成长期，政府通过利率、税率优惠，激励专业风险股份投资机构注资农业科技企业，因为投资回报率不断增加，风险投资机构购买政府持有的风险投资股份表现出很大的积极性，增加了风险投资机构和农业科技企业的收益共享和风险共担。第三，商业金融机构为农业科技企业提供贷款具有方便、快捷、灵活的特点，对于商业金融机构向农业科技企业贷款，要给予政策支持、财政补贴、宽松的金融环境等，降低金融机构服务农业科技的信贷风险。第四，政府担保、政府保险能降低商业金融机构服务于农业科技金融的信贷损失，分担农业科技企业投资、融资、经营的风险损失，拓宽资金来源渠道，吸引民营资本注入。第五，政府成立专门服务农业科技金融的部门，颁布保护农业科技金融的法律，向农业科技企业提供政策咨询服务，增强农业科技企业抗风险能力。

（2）治理和激励

政策性金融的外部治理包括政策金融引导、政策金融监督、信息平台建设。政策引导指政府对农业科技企业进行金融支持，激励农业科技投入，包括预算拨款和政策性银行。政府通过预算拨款，让更多的科研资金流向市场失灵区域，农业科技企业可以跳跃成本观念，进行有社会效益的农业科技研发。政策性银行是指政策性金融通过政策性银行，增加对某一领域的信贷投放，利用市场机制引导农业科技力量向该领域转移，加大投入，优化管理。政策性金融监督包括项目完成情况监督和政策性资金使用监督。对于项目完成情况较好的农业科技企业能够进一步获得优质项目立项和政策性金融支持，促使企业提高科研能力；政府严格监督政策性资金使用情况，严格奖惩制度，保障资金用于农业科研。政府出面构建服务于农业科技的信息平台，保证信息平台的公正、公平和权威，降低政府、金融机构、农业科技企业三者信息不对称，减少代理成本和信用风险。

政策性金融激励包括政府补助、利率税率优惠等资金供给方外部激励，也包括对研发主体的薪酬激励。出于对自身利益的考虑，科研人员可能降低科研难度、项目风险，减少个人研发成本投资。给予研发人员薪酬激励，比如“给予研发人员科研成果50%以上的奖励”“宽松项目基金使用”则能够激励研发人员科研热情，降低代理成本。

（3）优化资源配置

农业科技金融排斥源于市场资源配置失灵。企业和政府均是资源配置主体，企业资源配置具有自利性和排他性，如果企业投入大量成本进行研发，优化了资源配置，但别的企业能够“搭便车”，获得优化资源配置便利，则企业不会付出成本进行优化资源配置研发。企业目标是自身利益最大化，如果某一项目经济利益小，而社会利益巨大，企业不会研发投资。政策性金融具有公共性和普惠性，政府把政策性资金投入关系到国计民生的农业科技、重大环保项目、节能项目、基础设施、国防科技，能够推动国民经济安全、可持续、健康发展。政策性金融增大对农业科技的财政投入、政策扶植、税收优惠、风险补偿，能引导商业银行、风险投资、保险资金流向该领域，增加他们服务农业科技的热情，也能够引导社会居民储蓄流向创业投资企业，建立创业投资基金，服务农业科技，形成良性的农业科技金融体系，实现政策性金融服务农业科技的扩张功能（韩俊华等，2016）。

13.3.2 农业科技商业银行金融支持分析

（1）风险分担

农业科技企业高风险。科技研发存在失败风险，科技产品转化存在市场风险，在成长和成熟阶段，存在技术进步风险。商业银行信贷风险分担具有层次性。第一，服务于农业科技的商业银行主要是国有银行，他们具有相同的股东特质，国家所有，相互不能完全独立，分担了商业银行和投资者的破产损失风险。第二，银行贷款分散了农业科技企业的投资风险。如果农业科技企业创业资金全部自有，将承担全部创业风险。如果有二分之一的资金从银行贷款，企业破产，农业科技企业仅承担50%的投资损失，另外的一半由银行承担。资本市场能进一步实现风险分担，农业科技企业和商业银行均可以到资本市场融资，发行股票、债券，进一步释放了农业科技企业和商业银行的金融风险。第三，农业科技企业在成长期和成熟期，大量的农业科研技术转化成科研产品，产生大量的现金流，商业银行出于利润考虑，乐于给农业科技企业提供贷款，进行风险分担。第四，农业科技企业项目长短不同、投资金额大小不等、风险各异，农业科技企业可以选择不同的筹资渠道、长短期负债不同组合、股权和债务的不同组合，降低财务风险。第五，贷款担保。农业科研技术能给上下游企业带来巨大商机，构成利益共同体产业链条，相互担保能实现风险分担、利益共享。

(2) 风险控制

农业科技信贷风险源于信息不对称和固定资产抵押不足。商业银行为了更好地服务农业科技并控制信贷风险，必须认真进行会计报表审查和分析，减少固定资产抵押金额，运用现金流量控制信贷风险。

动产抵押贷款已在世界范围内广泛使用，发达国家动产抵押占全部贷款金额的 80%，我国为 18%（刘志彪，2011）。农业科技固定资产少，但在成长阶段已经有大量的农业科技产品订单，产生大量的现金流并具有稳定性，订单抵押贷款是金融机构首选的贷款抵押形式，为降低信贷风险需进行现金流风险控制。这样农业科技贷款必须在基本存款账户银行办理，因为企业经营日常现金都必须通过基本存款账户，这是法律的要求，这样可以控制贷款企业现金流，减少信息不对称。最好的贷款方式是小额贷款，分期还款，按月付息，降低贷款企业的财务风险。因为企业贷款违约收益较少，但违约信用损失巨大。通过"价格覆盖"控制贷款风险，在大样本情况下，个体风险独立，根据大数定律，整体信贷客户平均违约风险率能够表现个体风险，高出平均风险的个体，违约风险较大，银行要严格贷款条件，升高贷款利率进行风险补偿，并进行事前风险控制。

(3) 信贷机制

商业银行服务于农业科技的贷款模式包括交易型贷款和关系型贷款。交易型贷款双方信用关系薄弱，交易次数较少，双方均采用自身收益最大化的贷款类型。关系型贷款双方有良好的信用积累，利益相互依存，信贷通过契约和合作，实现长期共赢。

农业科技企业按期还本付息，积累信用，信用资本达到一定额度，能够根据银行的信用激励，获得信用额度，下调贷款利率。一方面，企业降低了融资成本，另一方面，银行扩大了业务量，坏账损失减少，增加了利润，实现了让利与增利的有机结合。银行还为企业理财、代发工资、投资，业物流和现金流相互依存，减少信息不对称。

更多的贷款次数，良好、长期的信用积累和较多的专用资产投入形成关系型贷款。激励机制增加了关系型贷款退出的机会成本和退出障碍。关系型贷款是银行的核心业务，客户资信高、收益高、风险小、代理成本低，有利于缓解农业科技企业融资约束。交易型贷款是银行信贷的基本形式。农业科技企业规模不同，发展阶段不同，业务合作强弱不同，需要交易型贷款和关系型贷款并存，以匹配不同项目和企业的风险差异、利率差异，实现资源和风险匹配。关系型贷款实行动态管理，农业科技企业财务关系恶化、信用资本下降，关系型贷款转变为交易型贷款。随着交易型贷款客户良好的自信积累、经营业绩的改善、实力的提高，可以从交易型贷款转变成关系型贷款（韩俊华和干胜道，2013）。

13.3.3 农业科技互联网金融支持分析

互联网金融是互联网企业从事金融活动，金融互联网是金融企业的互联网业务（马云，2013）。金融互联网更多地强调利润，而互联网金融更多地强调客户方便、低成本、优质服务。互联网金融实现金融脱媒、信息对称、全覆盖、可持续。

（1）金融脱媒

金融脱媒是指互联网金融凭借互联网优势，利用计算机云计算，消除了传统金融机构服务环节，实现资金需求方直接交易，以实现期限、利率匹配、风险分担，高效、快捷、服务优质、低成本。传统金融机构网点设置成本、运营成本、管理成本巨大，互联网金融运营成本仅是传统金融机构成本的千分之一（陶娅娜，2013），资金供给成本和交易成本更低，互联网没有时空限制，能够随时提供服务，市场充分有效。互联网运营效率高效，如第三方支付。第三方支付公司代替大量客户与金融机构进行二次结算，实现规模经营，降低了清算边际成本。互联网金融开放式、互动式群体参与，组织机构扁平化，客户平台化，并能利用数据挖掘功能发现潜在客户和需求，拓宽金融市场。

（2）降低信息不对称

互联网金融投融资门槛很低，能够满足弱势群体的投融资需要，具有普惠性。互联网金融投资主体多样化，打破了长期传统大金融机构的垄断，实现了公平竞争，利率市场定价。互联网金融吸引了大量投融资者，利用互联网交流平台，社会公众（包括投融资者）对某一交易主体进行信用评价，使得个人信用公开化，隐性信息显性化，分散信息聚集化，投融资者能够信息对等和均等，市场信息流动性强、透明度高。互联网传播投融资者情绪，并作用于资本市场，使得股票价格可预测，互联网金融对大数据具有分类、整理功能，使得市场定价更高效，降低了信息不对称。

金融交易的障碍来自陌生人之间的不信任，这需要保证互联网信息的真实性。互联网金融赋予人们发布信息的权利，也赋予了信息需求方鉴别虚假信息的主动权，互联网金融市场价格发现功能，构建了虚假信息淘汰机制，抑制了虚假信息的生成，保证了互联网信息的质量。

（3）金融广覆盖

金融产品和金融服务是稀缺资源，国家出于战略考虑，传统金融机构多集中在大城市、发达沿海地区，中小城市、中西部地区，尤其是农村，金融排斥严重，很大程度地抑制了国民经济和农业科技的健康发展。互联网金融不需要网点设置成本、设备购置成本、人工费用、纸面货币交易，也不需要自动取款机，通过电脑、手机进行网银转账，实现 7×24 小时不间断、全方位全球覆盖。中国人民银行于 2013 年建成移动金融安全可信公共服务平台。根据中国互联网络信息中心（CNNIC）数据，到 2016 年 6 月，中国网民规模为 7.1 亿人，网上购物用户规模为 5 亿人，网银服务可家庭共享，互联网金融已实现全民覆盖（王黎华，2016；刘曦子等，2017）。

互联网金融投融资门槛低，与农业科技金融相匹配，如余额宝、现金宝、零钱包等理财工具，既满足了小微弱势群体的投资需要，又能快速集聚储蓄资金，贷放给农业科技企业，服务于农业科技，实现对农业科技企业信贷、投资、支付全覆盖。

（4）可持续

为了缓解农业科技融资约束，构建了传统微金融机构。福利学派主张，政府应该通过微金融给予农业科技企业更多的补贴，扶持其发展，微金融具有福利特征。制度学派主张，如果农业科技企业获得政府补贴，就会形成福利依赖，失去发展动力，微金融应该以营利为目的，不然难以生存，不具有可持续性。

互联网金融实现金融脱媒，降低信息不对称，金融广覆盖，快捷提供金融产品和金融服务。互联网海量数据收集功能、云计算海量数据处理功能、网银服务的全覆盖功能以及标准化的技术处理技术，降低了信息收集、加工、识别成本。互联网利用自身的互联网优势，建立客户信用平台，为客户评价、授信、增信、决策提供可靠依据，降低了信用风险和坏账损失，以低价格、高效率保障了盈利和福利双得，与客户构建了利益共同体，实现了金融服务可持续（王黎华等，2016）。

13.4 农业科技金融支持的国际经验

从政策性金融和科技金融层次分析美国、日本、德国、韩国、以色列农业科技金融支持经验。

13.4.1 美国多元化农业科技金融支持

（1）农业科技政策性金融支持

美国的农业科技政策性金融支持由农业部负责，资金实行预算拨款和贷款。贷款机构包括农村电气化管理局、农民家计局、小企业管理局、商品信贷公司。农村电气化管理局进行农村电力等基础设施贷款；农民家计局进行农场主土地、水利贷款；小企业管理局进行农业弱势群体贷款；商品信贷公司进行农业生产补贴和贷款。美国还有完善的农业科技金融研究体系。一是公共农业科研机构，经费来自联邦政府，经费年增长幅度为8%，主要是进行资金投入大、研发周期长的基础性研究。二是农科院校和农业试验站，经费投入是联邦政府、国家科学基金、美国农业局、州政府，主要进行应用研究。国会还对政府资金服务于农业科技和技术推广、农业项目面向农村、科研成果用于农业生产作出了立法规定。

（2）农业科技资本市场和金融市场

美国农业科技资本市场包括风险投资市场和纳斯达克市场。美国风险资本主要进行农业科技创新领域研究和项目开发初创期、成长期的投资，并能够得到小企业投资公司的利率优惠和国家的税收优惠。当企业进入成长后期和成熟期，可以到证券市场发行股票，资信低的农业科技企业能够发行“垃圾债券”。中小科技企业能够到纳斯达克市场融资。发达的资本市场有利于农业科技风险资本的退出和进入。

美国农业科技金融市场包括农村合作科技金融和商业科技金融。农村合作科技金融包括联邦土地银行、联邦中期信贷银行和合作社银行。联邦土地银行向农场主提供长期贷款，联邦中期信贷银行吸收城市储蓄服务农民合作社，合作社银行为农业科技生产、设备购置提供贷款。美国商业科技金融机构包括商业银行、保险公司和农业信贷服务机构。商业科技金融是政策性金融和农业科技金融的补充，商业银行农业贷款比重达到 25% 时享受税收优惠。

13.4.2　德国、日本银行主导的农业科技金融支持

（1）德国农业科技金融支持

德国合作金融体系包括银行、农村信用合作金融、政府担保。一是商业银行、储蓄银行和合作银行。它们是农业科技的主要金融力量，混合经营、运营高效。二是农村信用合作金融。包括德意志合作银行、区域合作银行、合作银行和信用合作社，从德意志银行到合作银行和信用合作社，自上而下服务，自下而上入股。三是政府担保。包括政府担保、联邦州政府担保和州担保银行担保，分别负责对大中小企业担保。农业科技企业从商业银行、合作银行获得担保，当发生贷款损失时，政府给予担保银行税收优惠，并承担三分之二的贷款损失。担保银行承担承办行五分之四的贷款损失，以实现风险共担，损失分解。

（2）日本农业科技金融支持

日本农业科技金融支持同德国一样，银行占主要地位。职能部门包括全国信用联合会、农林中央金库、新农联、基层农协。银行持有组合农户的大量股权，在公司治理中具有核心作用。为了弥补农业科技金融主要依靠银行的不足，设立了日本开发银行和日本金融政策公库，为农业科技金融企业提供率低利、轻担保的长期贷款。为了防范银行服务于农业科技的金融风险，政府和民间银行共同出资组建担保公司，为农业科技企业向民间银行提出担保申请时担保，便利企业获得融资。

为了提升农业科技水平，政府推行减税优惠，并设立农业科技研究机构，如都道府县农林水产研究机构和国立农林水产科研机构。经费主要来

自政府拨款，部分来自国库补助（黎红梅和汪邹霞，2016）。

13.4.3 韩国、以色列政策性金融支持

（1）韩国政策性金融支持

韩国农业科技金融支持政策性金融起主导作用，包括政策性联盟和农协。资金均来自政府，并给予农业科技企业利率、税率优惠。政策性金融支持的具体内容包括以下四个方面。一是低息贷款。农民参加培训，以耕地作抵押，购买农业机械可获得低息长期贷款。二是设立服务农业科技的专项基金。政府设立的专项基金有上百种，如农业开发基金、技术研发基金、产学研合作开发基金、成果转化基金、营农资金，每年向农业科技企业提供50多亿美元的援助。三是担保体系。政府和金融机构共同设立了技术信用担保基金，为农业科技企业提供股权融资、科技成果认证和信用担保，到2015年已提供2 000亿美元的担保。四是法律支持。政府颁布了科学技术振兴法、技术开发促进法、新技术企业财务援助法等，为农业科技企业提供了完备的法律保障（康晓虹，2015）。

（2）以色列政策性金融支持

以色列农业科技政策性金融支持主要是政府加大科研投入。政府每年提供给农业科研部门的经费占农业总产值的3%，提供农业研发经费的部门包括农业部、科技部、教育部，还有来自民间农场主缴纳的科研经费。全部研发经费的二分之一直接拨付农业科技研发组织，另外的二分之一形成研发基金，该部分基金是竞争性基金，包括首席科学家基金、销售税基金、教育部和科技部研究基金、国际基金、基础研究基金。首席科学家基金资助大学和科研院所进行项目研究，农场主上交的销售税基金资助农业科技开发项目，国际基金来自美国和以色列合作的“巴德计划”和欧盟支持基金。上述基金除基础研究基金外，均用于农业科技应用研究。

以色列农业科技金融支持除了政府对农业科技研发投入，还包括风险投资基金和推广融资。政府注资1亿美元风险投资基金，并投资到资本市场获利，扩大了政府农业科技资金支持的来源渠道。推广融资是农业科技推广机构获得政府拨款支持农业科技企业，并提供技术指导和业务咨询，收取推广费，使农业科技推广具有可持续性（黎红梅和汪邹霞，2016）。

美国农业科技金融支持体系的特点是政策性金融成熟、法律完备、金

融服务渠道多元化、直接融资市场发达（康晓虹，2015），而日本、德国服务于农业科技以银行金融支持为主，韩国、以色列以政策性金融支持为主。

13.5 构建我国农业科技多层次的金融支持体系

从政策性金融、商业银行科技金融、资本市场、互联网金融四个层面构建农业科技多层次的金融支持体系。

13.5.1　完善农业科技政策性金融支持

不管是美国、日本、德国还是韩国、以色列均大力发展政策性金融。政策性金融支持农业科技发展具有激励、引导、风险分担功能，政策性金融能有效解决市场失灵导致的资源扭曲。第一，政策性金融要提供足够的资金给农业科研院所、农业高校，用于农业科技研发，加大农业科技基础领域的研究投入，给予农业科研人员的科研成果、科研项目足够的奖励，激励科研人员研发热情。农业科技基础领域的研究相对于应用领域的研究产生的作用更大、时间更长、受益面更广。政策性研究经费的投入相对于政策性金融补贴、税收和利率优惠，具有自乘和倍加效应。第二，构建完善的政策性金融体系，支持农业科技企业，缓解金融排斥。政策性金融不但要对农业科技企业给予财政补贴、税收优惠、利率优惠、政策支持、法律保护，还应该构建专门服务农业科技的金融机构，给予政策性金融机构服务农业科技企业足够的激励，增加政策性金融机构服务农业科技企业的积极性。最后，政府出资设立创业投资基金和风险补偿基金，鼓励民营资本、社会储蓄资本参与，分担农业科技企业创业风险。

13.5.2　创新金融产品

日本、德国均有发达的金融体系为农业科技企业提供资金，我国应学习它们，构建农业科技金融信贷体系、中介服务体系、担保体系、保险体系。中介体系为农业科技企业提供市场分析、信息咨询、科技成果认定、交易代理，为农业科技资金供需双方构建桥梁。商业银行是服务于农业科技的金融主体，发挥市场金融资源优化配置作用，与政策性金融相比更具有可持续性。第一，设立专门的农业科技金融部门，简化贷款程序和审批流程，降低贷款门槛、贷款风险容忍度、贷款利率，培训农业科技专业人才客户经理，加强与专业的农业科技信用评级机构的合作。第二，进行抵押担保创新。借鉴国外经验，实行动产抵押，这更符合农业科技企业的特点，如订单抵押、应收账款抵押、专利权抵押、出口退税抵押、联保抵押、证券抵押、知识产权抵押、供应链抵押、土地经营权抵押。与担保公司、保险公司紧密合作，允许专业担保机构的第三方担保，构建利益共享、风险共担业务链。第三，建立农业科技信贷孵化园，帮助发展潜力大、资信不足的农业科技企业，规范会计核算，提供融资设计，获得信贷融资。

13.5.3 发展资本市场

发展资本市场能够吸收全民投资，增加社会资本供给量，缓解融资约束，方便农业科技企业竞争金融资源。农业科技企业在资本市场进行股权融资，能够实现“去杠杆”，降低企业财务风险。资本市场的股价反映对企业具有很强的外部监督功能，促使农业科技企业增强科研实力、进行科技成果转化、加强科研管理。借鉴美国资本市场的做法，构建服务于农业科技多层次的资本市场。建立有中国特色的主板市场，我国主板市场设有中小企业板块，放宽农业科技企业上市条件，支持发展前景好、资信条件优良的农业科技企业到主板市场上市融资。发展二板市场，美国纳斯达克市场就是主要为科技含量高、风险高、成长好、规模小的企业服务的二板市场，中国的二板市场要借鉴美国纳斯达克市场的成功经验，更多地为科技企业提供金融服务。伦敦的三板市场就是为高成长中小企业股权融资服务的非正式市场，我国要发展方便农业科技型中小企业融资的三板市场。建立地方政府监管的四板市场，它是区域性股权交易市场，优先给予农业科技企业融资，政府出面推荐发展能力强、业绩好的地方农业科技企业到更高级别的资本市场融资。一板、二板、三板、四板市场的繁荣，保障了风险投资的退出机制，这样可以激励家庭储蓄、保险基金、养老基金、上市公司、政策性银行参股风险投资，为农业科技企业提供风险投资金融支持。

13.5.4　发展互联网金融

资本市场、金融机构偏爱大企业，农业科技企业到资本市场、金融机构融资均存在进入障碍。互联网金融具有投融资门槛低、金融脱媒、信息对称、普惠金融特性，与农业科技企业融资相匹配，应大力发展互联网金融的 P2P 网贷、大数据小额贷款、众筹，支持农业科技发展。互联网金融还要发展供应链融资模式，把农业科技企业的上下游供应链构建成功能网链，利用核心企业很强的履约能力和良好的信誉进行互联网信贷，降低互联网信贷风险。当前我国互联网金融发展迅速，同传统金融机构一样还存在互联网金融风险，要完善互联网金融的硬件设施，如客户信用平台、支付系统、结算系统，增强互联网融资模式的物质基础，通过客户信用平台建设，提高市场参与者的诚信意识，诚信建设能够提高互联金融的软环境。诚信是一种信用资本，阿里巴巴“芝麻信用”整合了 3 700 万家中小微企业和 3 亿多个人的交易数据，形成系列信用产品，有利于防范信用风险、降低风险损失、增强金融服务质量。要完善互联金融的法律建设，互联网金融是一种新型金融业态，需要跟进法律规范建设，引导其健康、可持续发展。互联网金融是建立在虚拟网络上的金融交易，要注重网络安全建设，如客户资金管理、电子技术和内部控制安全（刘圻，2011）。

第14章

金融科技发展及风险演进分析

党的十九届四中全会指出，健全普惠性现代金融体系，有效防范化解金融风险。早在2017年中国人民银行就成立了金融科技委员会，2018年国务院印发的《关于印发进一步深化中国（广东）自由贸易试验区改革开放方案的通知》（国发〔2018〕13号）要求发展金融科技，加快金融科技研究与应用，2019年中国人民银行印发的《金融科技发展规划（2019—2021年）》提出繁荣发展金融科技产业，提高金融风险控制水平。根据零壹财经数据，2018年金融科技全球融资额为4 360.9亿元，中国为3 256.3亿元，占比为74.7%（陈红和郭亮，2020）。然而金融科技平台跑路现象时有发生，山东等九个省份取缔了P2P网贷平台，金融科技风险不容忽视。所以，研究金融科技发展和风险具有很强的现实意义。

14.1 金融科技的内涵

14.1.1 金融科技的内涵及分析

金融稳定理事会（2017）认为，金融科技是科技带动的金融创新，如新的金融产品、流程、应用、模式，并对金融服务、金融机构、金融市场产生重大影响。本书从科技、金融、科技与金融融合三个维度分析金融科技的内涵。底层技术是金融科技的供给端，是保障金融科技运行的基础性技术，如大数据、云计算、人工智能、互联网、区块链、生物识别、物联网、5G。底层技术是开放的，随着科技的发展，新的底层技术不断出现，底层技术的开放性不仅表现在金融领域，也表现在社会经济的方方面面。金融科技的需求端是金融，金融领域是金融科技的落脚点，底层技术主要应用在金融领域的五个方面：金融产品、金融机构、金融生态、金融基础设施和金融功能。贷款、存款、信托计划、保险、债券、股票是基础金融产品，由于金融需求的多样化和科技的发展，产生了基础金融产品组合和综合性金融服务以及 P2P 网贷、互联网金融、数字货币等。商业银行、信托公司、证券公司、租赁公司、保险公司是向客户提供金融服务的机构，随着经济和技术的发展，出现了互联网金融平台、P2P 网络借贷平台、汽车金融公司、消费金融公司、小额贷款公司、互联网新型银行等。从金融供给的角度，金融生态包括风险评估、客户准入、授信额度、贷后管理、风险管理、信用增级、营销推广、产品设计。具有金融科技特征的金融生态有投顾和监管科技。金融基础设施包括软件和硬件，软件有金融法律制度和金融监管制度、信用环境制度、信息披露原则，硬件包括中央证券存管和结算系统以及银行卡、互联网、票据支付系统。金融功能有六种：跨行业、跨领域、跨期限的资源配置；结算、清算和支付；风险管理机制；激励机制；储备资源和所有权分割；提供价格信息。金融科技的本质是金融与科技融合，是底层技术在金融领域的应用，以提高金融服务效率，包括以下五个方面。第一，把底层技术应用于金融产品，优化金融产品。如把人工智能应用于金融产品，适应客户分散、小额、高频特点，满足客户定制化、差异化的金融服务需要。把互联网技术应用于金融产品，实现金融产品线上服务，改善客户体验。第二，把底层技术应用于金融机构的业务流程。如运用大数据、互联网、人工智能对客户进行风险识别，建立客户黑白名单制度，白名单是优质客户，提高信用等级和金融服务质量，黑名单是违约风险较大的客户，严格准入和风险预警，减少欺诈损失。第三，底层技术在金融基础设施方面的应用。如移动互联网技术优化了金融支付系统，给消费者提供便利，以大数据、区块链、云计算等技术等建立的金融监管，能够即时进行风险预警。第四，底层技术在金融生态方面的应用。互联网、区块链、大数据、生物识别建立的征信体系，有利于金融机构对客户进行授信、增信，使信用成为资本，降低违约风险。第五，底层技术优化了金融功能。互联网、区块链等技术实现金融脱媒和去中心化，实现了 7×24 小时无间断服务以及跨境服务，微信支付等移动支付为农村及落后地区提供普惠金融。

14.1.2 金融科技的特点

一是数字化。人工智能、大数据、云计算等数字化技术的发展，使中国金融进入数字经济时代，并推动了数字金融的发展。数字化改变了传统的金融产品、金融服务和金融消费者体验，移动互联网、电脑终端、智能手机成为金融机构与金融消费者连接的工具，传统金融机构被迫与金融科技平台一起进行数字化金融产品、金融服务创新，适应当前的数字化经济。

二是网络化。互联网技术推动了网上办公、网上购物、网上支付的普及，巨大的网络市场为数字经济、数字金融线上服务提供了商机，互联网优化了传统金融的业务流程，互联网金融、移动金融、网上银行、网上投顾满足了多样化、差异化网民的金融产品和金融服务需要。网络化缩短了客户金融消费的时间，拉近了金融服务的距离，降低了金融服务的成本。

三是普惠性。金融科技的网络化、数字化实现了金融脱媒和去中心化，金融产品和金融服务的成本大幅降低，互联网和智能手机的普及使移动支付、互联网基金理财方便、快捷，扩大了农村和山区等金融服务范围，移动支付、微信支付、余额宝理财、P2P 融资等金融产品和金融服务能够满足长尾消费群体的金融服务需要，金融产品、金融服务具有普惠性。

四是共享化。传统金融机构出于风险考虑，主要服务于大企业，中小微企业和社会大众均存在很大程度的金融排斥。互联网、大数据、人工智能的发展很大程度上降低了金融产品和金融服务的成本，网络化、数字化、普惠性的金融科技产品、服务的网络扩散效应很强，跨时空、跨行业、跨市场在网民中传播，中国网民规模庞大，较低的交易成本、庞大的市场规模推动了金融科技共享化的发展。

五是合规化。金融科技的快速发展，增大了金融风险发生的隐患，e 租宝等跑路现象促使监管部门对金融科技进行立法，以保护金融消费者利益。互联网、大数据、云计算、人工智能、生物技术的广泛应用为金融科技征信平台的建立提供了技术支持，信用的资本化规范了交易各方的金融行为。

14.2 金融科技驱动因素

14.2.1 科技与金融功能的匹配

科技与金融在功能上具有基因的匹配性。金融系统具有支付、配置资源、提供价格信息、风险管理、激励机制、储备资源和所有权分割等六大功能，互联网技术在支付、配置资源、提供价格信息、风险管理、激励机制、储备资源和所有权分割等方面也有强大的功能表现，金融和互联网相同的功能基因催生了互联网金融。同样，区块链、云计算、物联网、5G 与金融功能也有很强的基因匹配性。互联网、大数据、云计算、区块链、5G 有利于降低信息不对称，能够充分发挥金融资产的价格发现功能，优化激励机制，提高金融资源配置效率，在金融支付清算上实现金融脱媒和去中心化，提高了储备资源和所有权分割效率，具有更加方便快捷、低成本、普惠性的特点，有利于金融功能的发挥。区块链、云计算、物联网、5G、生物识别等技术有利于海量数据归类、筛选、识别和线上预警，区块链的自信任、防篡改、共享机制结合大数据、云计算、5G为金融风险管理和金融监管提供自动预警，能够提前处置、防范风险。可见，科技与金融在基本功能上的基因匹配，使科技与金融深度融合，推动金融科技化快速发展，形成金融科技。

14.2.2 金融的特殊性为金融科技提供了条件

第一，金融业属于轻资产服务业，与第一、第二产业相比，机器设备等固定资产投资较少，物理网点也可以通过租赁房屋等固定资产设置，专属固定资产投资较少，电子系统是营运的主要固定资产，与技术创新的特点相匹配，运用新技术的业务流程改造效益更高、意愿更强。第二，金融产品和金融服务与每一个居民和企业息息相关，技术在金融领域的应用有广阔的市场空间及众多的客户，一旦一项技术成功运用，金融产品和金融服务很快会得到提升，因此金融科技的市场价值较高。第三，金融业利润率较高，技术创新在金融行业的投资回报较高。严格的金融管制使金融牌照有特许权价值，金融行业利润率（ROE）为11.43%，而其他行业利润率为10.43%，金融业利润率高出其他行业一个百分点，技术在金融业的投资回报较高，推动了金融业相关技术的研发和应用。第四，金融业自身就拥有先进的电子科技系统和人才储备，金融产品和金融服务更可能得到快速技术创新、技术应用、技术升级。

14.2.3 外部环境变化为金融科技提供契机

互联网、大数据、云计算、人工智能、区块链、5G、物联网等技术的不断创新对社会产生了深远的影响，为金融产品和金融服务创新提供了技术支持。根据中国互联网络信息中心数据，2020年3月，中国网民规模为9.04亿人，平均每人每天上网4.3小时，网上购物用户规模为7.10亿人，2019年全年交易金额为10.63万亿元，较2018年增长了16.5%。技术使金融服务更具普惠性，金融服务从城市和大企业拓展到农村地区、偏远山村等长尾客户群体，金融服务和金融产品必须更加个性化、差异化、多样化和综合化，才能满足不同群体的消费需求，占有更大的市场份额，金融脱媒、去中心化带来金融创新，金融服务的单位成本较低，更大的市场份额意味着更大的利润空间和更强的市场竞争力，这些均要依靠技术创新提高金融产品和金融服务的质量来实现。也因此，当前中国电商交易、生活缴费、政务服务已经普及，为金融科技发展提供了广阔的市场空间和利润（李广子，2020）。

14.3 金融科技促进经济发展

14.3.1 金融科技促进经济发展的理论分析

一是金融科技的资源配置效应。①减少信息不对称。从金融需求方角度，通过互联网、大数据等技术，金融消费者能够及时、准确获得金融科技产品和金融科技服务相关信息，信息透明、公开、可获得，降低了需求方的信息不对称，很大程度上满足了广大金融投资者和金融消费者的投融资需要。从金融供给方的角度，金融科技通过大数据、云计算、区块链、人工智能能够准确记录、整理、筛选客户交易信息，构建互联网金融征信平台，减少了交易中的信息不对称。②降低交易成本。从金融需求方角度，金融科技降低了投融资者进入成本，扩大了资产端和资金端规模，缓解了小微企业等弱势群体的融资约束，金融脱媒和去中心化降低了金融消费者的交易成本。从金融供给方的角度，技术创新降低了金融机构投资的沉没成本，大数据、云计算、互联网、区块链、人工智能等技术降低了金融机构的运营成本，提高了金融机构的运营效率，金融产品和金融服务更加快捷。③提高风险管理能力。金融科技去中心化使大量的金融服务由线下转到线上，金融交易在地域上、时间上更为分散，大众交易转变成小额交易，金融风险更加隐蔽、复杂、脆弱，风险的传染能力更强，大量的跑路现象说明分散的小额投资者因为缺少投资的专业知识，很难识别一些不法分子打着金融科技招牌的欺诈行为。运用大数据、互联网、区块链、云计算、人工智能、生物技术建立的风险预警系统，有利于线上即时识别、分析金融风险，进行风险预警。

二是金融科技的创新效应。①创新生产方式和生产技术。经济持续健康发展离不开创新，创新能够革新生产方式和生产技术，提高生产效率。金融科技优化了金融产品和金融服务，满足了金融消费者多样化、差异化的服务需求，扩大了金融服务范围和服务质量，降低了运营成本，提高了运营效率和金融服务效率，扩大了金融规模，促进了产业结构转型升级。金融资源配置倾向于低风险、高盈利行业，通过金融科技资源的有效配置，高风险、低盈利的落后产能将会被淘汰，符合国家产业政策，盈利能力强的创新企业能得到更大发展。金融科技通过金融资源的有效配置，推动了产业结构转型升级，促进了技术进步和经济健康发展。②普惠消费市场的形成。金融服务系统落后、市场经济不完善、交通等基础设施落后，导致农村和偏远山区存在巨大的消费缺口。金融科技的发展创新了金融产品和金融服务，移动支付、电商平台的发展弥补了长尾消费群体的消费缺口，改善了消费结构，价廉物美、个性化、差异化的商品更容易打开市场，促进产业结构的转型升级。金融科技小额、分散、灵活、快捷支付的特点，降低了金融服务的成本，金融科技产品和金融科技服务具有普惠性，增加了长尾消费群体的边际消费倾向，促进了普惠消费市场的形成，以及金融服务的规模效应，金融科技促进了金融消费者保护和普惠消费市场的发展（薛莹和胡坚，2020）。③科技与金融协同发展。历史上的每一次工业革命都促进了科技与金融的协同发展，如股票交易市场与蒸汽火车的融合发展、国际金本位币制和电力的融合发展、衍生金融产品和石油精炼技术的融合发展、风险资本与信息技术的融合发展。当前，科技创新推动了互联网金融、区块链金融、移动金融等金融工具和金融服务发展，投融资摩擦更小、交易成本更低、服务更快捷。更多的资本供给缓解了创新主体的融资约束，增强了创新主体的价值创造能力，产生更大的投融资需要，进一步促进金融主体进行科技创新，通过创新金融产品和金融服务占领更大的市场份额，获取丰厚的利润（盛安琪和韩俊华，2018）。

14.3.2 金融科技促进实体经济发展的实践分析

一是金融科技拓展了实体经济的可贸易范围。借助互联网、大数据、人工智能技术，金融科技打破了金融管理的地域限制，实现全球跨境支付，使跨国贸易成为可能。借助互联网、物联网技术，电商平台通过线上商品宣传和展览，更容易跨地域销售、跨地域发送、跨地域结算，使跨境交易变成现实，电商平台把价廉物美的商品销售到世界的各个角落，满足全球消费需求。金融科技表现出的影子银行功能，拓展制造业融资渠道，便利制造业融入全球生产价值链，增加出口贸易，跨境贸易进一步通过网络协调全球产业链，实现生产价值创造。金融科技使金融行业的市场竞争更为激烈，不断进行金融产品和金融服务创新，进一步方便了跨境贸易。

二是金融科技激励了实体经济的创新活力。一方面，金融科技通过大数据、互联网、人工智能的应用，使互联网征信体系更为完善，市场主体的交易信息完整地被记录。如果不良交易记录增多，则信用等级下降，贷款信用额度减少，贷款利率上高；良好交易记录增加，则资信等级升高，贷款信用额度升高，贷款利率降低。信用资本的形成极大地优化了科技创新主体的市场竞争环境，市场竞争更加公平，增强了创新主体的创新热情，经济发展更加可持续。另一方面，创新主体在初创期有形资产抵押品不足，公司治理不规范，出于风险考虑，银行不愿发放贷款。金融科技征信平台降低了投融资主体的信息不对称，信用风险降低，优质的创新项目通过股权众筹就能实现融资，缓解了创新主体的融资约束，支持了初创期企业发展。

三是金融科技降低了实体经济的创新成本。金融科技的去中心化很大程度上降低了金融企业的运营成本，线上服务减少了金融服务的物理网点，以及固定资产投入和管理成本，更便捷的服务拓展了金融消费者的客户体验，迫使传统金融机构向高效率、低成本转型，金融行业竞争更加激烈，实体经济主体获得的金融服务质量更优、融资成本更低。科技不断创新，金融产品更加多样化，互联网金融平台、P2P 网贷平台等金融机构不断增多，金融生态环境、基础设施建设、金融功能不断完善，实体经济能够获得的融资渠道更加多元化，很大程度上缓解了实体经济的融资约束。以区块链金融为代表的开放式金融，数字资产的市场化程度更高，信息不对称更低，价格发现功能更强，优质的实体经济更容易筹资，资金成本较低，劣质的实体经济则被淘汰，优化资源配置。

14.4 金融科技风险

14.4.1 合规风险

金融机构控制风险需要积累数据，如果数据的收集、储存成本过高，出于成本考虑，金融机构收集和储存的数据质量较低，不符合法律规定。随着互联网、大数据、区块链、人工智能等技术的发展，金融科技的去中心化、线上服务以及不断创新的业务流程，导致中心化的线下传统金融监管与去中心化的线上交易不匹配，金融科技企业的金融产品、金融服务、业务流程可能不符合监管部门的要求，合规风险较高。

14.4.2 信用风险

网络借贷、余额宝理财、移动支付等金融科技的使用者中，年轻人群、低收入人群、欠发达地区人群居多，当经济发展因新冠疫情等突发原因下滑，长尾消费群体可能会出现还款困难。如果信息披露不充分或者出于不法目的进行错误信息披露，就会导致信用数据缺失，资信差的人获得贷款，违约、欺诈惩戒成本较低，信用风险升高。

14.4.3 流动性风险

互联网理财、P2P 网贷平台受监管程度较低，经营理念是重流量、轻风控，向投资者承诺高利率、集中兑付（增加现金流入量），违规拆标（拆额度、拆时间），一旦资金链断裂，就会出现兑付困难。第三方支付存在资金错配风险，市场不利事件的发生可能会引发群体挤兑现象，从而导致流动性风险。

14.4.4 法律风险

从 2007 年拍拍贷在上海上线，到 2019 年 8 月 31 日，P2P 网络借贷问题平台累计数量达 5 645 家（零壹智库，2019）。P2P 网络借贷平台已经从最初的直接借贷（信息中介模式）转变成信用中介和庞氏骗局混业经营模式（李苍舒，2019），e 租宝等不法分子打着“金融科技”的招牌进行非法欺诈，第三方支付等因为监管漏洞更容易违规操作，套取托管现金，给客户造成兑付困难。

14.4.5　系统性风险

金融科技进入门槛低，市场参与者人数众多，专业能力、抗风险能力较差，某一个孤立风险事件极易导致群体恐慌和风险行业内蔓延，金融科技为金融机构提供技术服务，协助定价，存款业务关联性强，资产组合相似，导致风险扩散到银行业。金融科技发行股票、债券，利用杠杆放大金融体系的宏观市场风险，冲击资本市场和宏观经济。

14.5 金融科技的风险演进

14.5.1　金融科技不同业务模式的风险分析

不同的金融科技模式监管策略不同。互联网基金、互联网支付和互联网保险分别由中国证券监督管理委员会、中国保险监督管理委员会、中国人民银行监管，监管主体明确，有明确的准入门槛，业务主体（基金公司、保险公司、大型支付机构）资本实力雄厚，抗风险能力和风险管理能力较强，在监管部门的严格监管下，风险可控。国家监管部门对数字货币也是采取认真研究、严格监管的策略。到 2019 年央行已经申请了 74 项数字货币专利，早在 2013 年中国银行业监督管理委员会等五部门就联合发布了《关于防范比特币风险的通知》，2017 年央行等七部门联合发布《关于防范代币发行融资风险的公告》，2018 年央行下发《关于开展为非法虚拟货币交易提供支付服务自查整改工作的通知》，虽然数字货币的网络风险、数字资产风险、算法风险、去中心化风险较大，但是央行等部门严格监管、积极研究，使得数字货币风险总体可控。网络借贷参与人数多，社会影响较大，网贷行业鱼龙混杂，监管较为复杂，金融风险较大。下面重点分析 P2P 网络借贷如何从信息中介转变成信用中介、庞氏骗局模式，并积累金融风险的。

14.5.2 网络借贷的发展历程

2005 年英国 Zopa 成为第一家 P2P 网络借贷平台，2006 年美国 Prosper P2P 网络借贷上线，2007 年中国拍拍贷在上海上线，中国的 P2P 网络借贷发展分为三个阶段。2007—2012 年为 P2P 网络借贷的萌芽期。根据网贷之家数据，到 2012 年底，中国网络借贷平台发展到 166 家，问题平台较少，在该期间成立的知名平台有 2009 年的红岭创投、2010 年的人人贷、2011 年的陆金所、2012 年的宜人贷。2013—2015 年为 P2P 网络借贷的爆发期。2014 年政府工作报告提出"促进互联网金融健康发展"，鼓励发展"互联网 + 金融"。该阶段网上借贷成为大众产品，互联网理财产品发展迅速，2013 年余额宝理财产品推出不到一周，客户迅速超过 100 万人。2014 年 P2P 网络借贷平台新增 1 991 家，2015 年 P2P 网络借贷平台累计 5 121 家，新增 2 451 家。2016 年至今为 P2P 网络借贷平台严格监管期。e 租宝跑路现象惊醒了金融监管部门，2016 年起，P2P 网络借贷进入严格监管时期，监管部门出台了 P2P 网络借贷行业"一个办法三个指引"框架。

P2P 网络借贷发展的主要风险特征是投融资人数多、体量大、问题平台多。到 2017 年 P2P 网络借贷交易额达 28 050 亿元人民币，问题平台占比达到 85%，投、融资人数分别为 1 713 万人和 2 243 万人，各项指标均是全球第一。

14.5.3 网络借贷业务模式演进

2007 年在上海上线拍拍贷，平台仅提供信息服务，不承担信贷风险，由借贷双方直接点对点融资，是一种信息中介模式。如果征信体系完善，该模式能很好地解决借贷的信用风险，降低投融资双方的交易成本，解决中小企业融资难问题。但是中国正处于经济转轨时期，金融基础设施不发达，征信体系不完善。2015 年，有信贷记录的企业为 577 万家，自然人为 3.8 亿人，征信记录数据严重不足（李苍舒，2019），违约风险成本较低，投资人风险识别困难，出借意愿较低。

网络借贷平台为了获得现金流入量，分离出两种模式。一是少部分平台演变成以红岭创投为代表的“全兜底”模式。平台给出较高的投资年化收益率，当投资者不能按期收回本息时，由平台兑付。二是大多数平台演变成以人人贷为代表的“半兜底”模式。投资人对投入资金进行分拆打包，进行资产配置，分散风险，并建立风险备付金，当风险定价不能覆盖信用损失时，投资人获得风险备付金补偿，平台承担违约风险。分拆打包会产生投融资的期限错配风险，标的的无数细分支付成本较高（大多数平台没有支付牌照），对投资人的专业投资能力要求较高，时间成本较大。为应对上述问题，平台设置了资金池、自动投标、滚动募集。资金池降低了分拆支付的成本问题，自动投标安排解决了投资人的专业能力欠缺问题，以帮助投资人管理，滚动募集解决了投融资的期限错配问题。资金池、自动投标、滚动募集使平台由点对点直接投资的信息中介模式转变成平台为投资人支付固定投资收益的信用中介模式，平台承担了信用风险。

根据新华社（2020）消息，重庆、河南、河北、湖南、山东、山西、四川、甘肃、云南清退全部 P2P 网贷业务，大连市清退市内全部网贷平台。2020 年初全国正常运行平台为 398 家，较 2019 年初下降了 60%。出险平台的主要特征是借款人数少、借款规模小、资金来源少，以投资高回报诱惑投资者，吸收的投入资金一部分用于向投资人还本付息，一部分平台所有人截留使用，如果吸收资金不能满足“拆东墙补西墙”的目标，平台出险，这就是 P2P 网络借贷的庞氏骗局模式。

如果征信体系完善，借贷双方信息不对称低，违约成本高，直接借贷模式将能得到健康发展。由于征信体系不完善，平台不能进行贷前和贷后的数据分析和风险控制。网贷准入门槛低，大量资信低的人进入网贷市场，较多的不良借款出现，诱使有偿还能力的借款人不愿还款。投资人专业能力和风险承担能力欠缺，要求刚性兑付，某个孤立的市场不利事件可能会导致投资群体恐慌，出现挤兑现象，平台资金期限错配则会带来流动性风险。平台将网络借贷与传统金融回购（租赁）、回租（消费金融）在线上混合在一起进行违规操作，又存在合规风险。技术风险、操作风险、算法风险、隐私泄露风险（黑客攻击）等风险叠加，可能会恶化顺周期波动，导致系统性风险（李苍舒和沈艳，2019）。

14.6 金融科技风险路径分析

14.6.1 创新性风险路径分析

一是金融科技的创新导致信用风险积累。金融科技不断创新，使完整的信用周期数据收集困难，于是根据收集到的交易数据构建的信用风险模型存在偏误，导致金融科技产品开发存在潜在信用风险。金融科技投融资门槛较低，长尾需求人群较大，客户的信用等级较低，金融科技平台通常提高投资报酬率进行风险覆盖，长尾消费群体借贷存在较大的信用风险。二是金融科技的不断创新，庞大的客户大多数专业水平较低，在金融投资时跟风现象普遍，市场波动会诱发客户的羊群效应。智能投顾对客户进行资产管理和提供理财服务时，会采用相同或类似的投资组合模型，大量人群的投资策略和风险参数相同或相似，随着交易数量的不断增加，当经济下行阶段会产生共振现象（陈红和郭亮，2020）。

14.6.2 规避性风险路经分析

根据金融创新理论和“经济人”假设，金融科技创新诱发监管套利，金融科技创新速度较快、创新周期较短，监管工具无法实现同步创新，金融科技主体会规避金融监管，获取超额收益。一是法律风险规避路径分析。金融科技不断创新的业务流程，导致现有监管法律不适用，监管法律空白会导致市场交易主体权责不清，诱发监管套利。二是信息技术风险路径分析。大数据、人工智能等科技手段在金融科技领域的广泛应用，增加了金融监管部门和金融机构的信息不对称，导致金融监管不适应，诱发监管套利。三是系统性风险路径分析。为了鼓励金融科技创新，金融科技发展初期监管较为宽松，导致金融科技的野蛮生长，产生系统性风险隐患。

14.6.3 关联性风险路径分析

金融发展理论认为，市场交易主体通过中介机构进行交易可以很大程度上降低信息不对称导致的道德风险和逆向选择。金融科技形成的金融脱媒和去中心化导致金融中介以更高效的组织形式出现，科技企业加入金融科技市场，金融企业、科技企业、客户三方的关联度升高、距离缩短，科技企业的技术风险、操作风险、金融科技企业的信用风险很快会通过互联网和数据链传递给传统金融企业和实体经济。在经济萧条时期，实体经济经营现金流大幅减少也会导致金融科技平台的现金净流量为负，成为出险平台，实体经济经营不景气导致违约会加速问题平台的出险，而金融科技平台与传统银行等金融机构在业务上很强的关联性，会造成风险的相互传染，导致系统性风险。

14.6.4　风险管理路径分析

金融科技打破了传统金融的边界，出现泛金融化和金融泛化，金融科技的金融脱媒和去中心化使金融科技具有混业经营属性和跨界经营特点。金融科技平台体量大、客户广泛，平台商重流量、轻风控，金融科技（如网贷平台）资本金规模有限，没有严格的风险准备金监管制度，抗风险能力较差，加之本身的数字资产风险、算力算法风险、操作风险、去中心化风险，使得风险管理缺陷更加突出。互联网基金管理、互联网支付清算和互联网资金配置恶化了银行存款结构，互联网金融的高付息给传统金融存款业务带来很大负面冲击，降低了传统银行业的风险承担能力。金融科技创新也改变了传统银行的业务模式，随着金融科技发展，原有的风险管理模式产生不适应，在市场发生动荡时，会诱发银行业的金融风险。

14.7
金融科技监管

14.7.1　完善征信体系

金融科技信用风险的根源是征信体系不完善，信用没有形成资本，惩罚成本和激励收益较低。而当前大数据、云计算、互联网、人工智能、区块链技术为征信体系建设提供了技术条件。央行的征信体系和互联网征信体系是金融科技征信体系的基础，保证征信由政府部门主导，保证公正性，还需要金融机构和互联网金融参与，保证广泛性。征信体系建设包括承信系统、评信系统、授信系统、励信系统。承信系统由央行领导，金融机构和互联网金融记录，保证信用交易记录的广覆盖，构建金融交易数据库。评信系统由央行领导，组建专家数据库，评价金融交易数据，形成信用数据。授信系统由央行指定信用数据量化规则，量化打分，形成信用等级。励信系统由央行主导，各金融机构参与，根据交易主体的信用等级决定给予多大的信用额度和利率优惠，励信系统对信用等级实行动态管理（韩俊华和干胜道，2013）。

14.7.2 建立金融科技风险预警体系

规则监管、原则监管、行为监管、审慎监管、双峰监管均属于线下监管，无法适应线上服务的金融科技，只有用去中心化的监管科技才能监管去中心化的金融科技。北京市“三合一”（风险大脑、图谱分析、冒烟指数）的成功经验值得全国推广。一是构建风险大脑。运用互联网、区块链、大数据、人工智能、云计算、物联网、机器学习等技术，收集、归类、分析交易主体的交易数据，运用大数据进行风险分析、风险识别，构建与中国金融科技特征相匹配的风险模型，建立智能化的风险预警体系，预警全网数据。二是对图谱数据进行可视化技术描述，分析金融科技交易行为的规律性特征。三是构建冒烟指数，对金融科技行为进行合规分析，分类、分级、识别、量化风险，提高金融科技监管能力和金融科技案件审查效率。

14.7.3 优化金融监管生态圈

加强金融监管部门与金融科技公司、科技创新企业的合作交流，优化金融科技发展生态圈。一是金融监管部门要有良好的金融科技和监管科技知识，精通大数据、互联网、区块链、人工智能技术，掌握金融科技风险模型构建和分析的统计学知识，增强金融科技监管能力。二是监管人员持续学习。学习书本知识仅仅掌握了监管科技的显性知识，向金融科技公司、科技创新企业学习，能够掌握监管科技和金融科技的隐性知识，以及监管科技与金融科技的前沿知识，减少金融监管部门和金融科技公司的信息不对称，通过交流学习优化金融监管环境，更好地保护金融机构和金融消费者的利益（即金融监管目标）。三是倡导行业自律，鼓励金融科技企业增强社会责任感。金融科技行业自律是促进金融科技健康发展的根本要素，有利于保护金融消费者利益和金融科技持续创新，降低监管成本。

14.7.4　进行监管科技创新

各国的监管模式分为削足适履型监管、量体裁衣型监管、放任自由型监管、个案分析型监管，各种监管模式均是创新与监管的权衡：若严格监管，金融创新的合规性成本升高，会抑制金融创新；若放松监管，金融科技野蛮生长，又会诱发金融风险。监管沙箱则可以实现“鱼”和“熊掌”兼得，既有利于金融创新又降低监管成本。监管沙箱相当于我国的试点机制，在监管沙箱内是“宽松的监管环境”和缩小版的市场。监管沙箱实行准入制度，进入沙箱不承担监管后果，以鼓励金融科技创新，金融科技创新技术成熟再向社会推广，减少了金融科技创新的试错成本，积累监管经验，有利于制定与金融科技创新相适宜的监管法律法规。监管沙箱最先产生于英国，当前美国、澳大利亚、新加坡等均推行了“监管沙箱”实验，我国应学习他们的先进经验，鼓励金融科技主体向监管部门申请创新业务，进入监管沙箱（许多奇，2018；邵宇和罗荣亚，2020；谷政和石岿然，2020）。

第 15 章

数字经济时代下金融科技发展、风险及监管分析

15.1 金融科技发展及研究现状

中国新金融业态的开端是2004年支付宝上线（谢平，2012），自2013年起，互联网支付、基金、保险、网络借贷（P2P）等金融科技快速发展（李苍舒，2019）。当前，中国金融科技估值已占全球的70%（Zhang，2019），主要应用在互联网金融，区块链完善了互联网金融的共享机制（李政道，2016），是互联网金融的高级形式（李扬，2018）。金融稳定理事会（2017）认为，金融科技是科技带动的金融创新，如新的金融产品、流程、应用、模式，并对金融服务、金融机构、金融市场产生重大影响。金融科技创新研究分为两类，一类是技术层面的金融创新，另一类是经济增长效应（王达，2018）。技术层面金融创新研究有众筹（Sheik，2013）、P2P网贷（Mach，2014）、区块链金融（Raskin，2016）、智能投顾（Monaco，2017）、智慧银行（帕尔默，2016）、金融科技风险（李苍舒，

2019)、监管科技（Arner，2017）等。区块链金融的研究包括数字货币、网络借贷、股权众筹、互联网保险、供应链金融、银行和证券业务（Eyal，2016；Chiu，2019；袁勇，2016；朱兴雄，2018；吴桐，2019）。金融科技的去中心化（谢平，2012）、普惠性（Hsu，2014）增加了资产端和资金端的供给规模和范围（杨东，2018），刺激消费需求，优化资源配置（李媛媛，2015），使经济增长由要素增长驱动转变成创新驱动（黄卓，2019），减轻经济增长不平衡（谢绚丽，2018），提升经济增长效益和质量（李杨，2018；Frost，2019）。

上述文献对金融科技创新的理论分析和风险分析尚显不足，不利于创新和监管的权衡，“守住不发生系统性金融风险的底线”，本书对这一问题进行研究。

15.2 金融科技发展动因

15.2.1 金融监管合规性成本升高

2008 年金融危机爆发，金融创新过度且监管不足是直接原因（秦建文，2009），为抑制金融危机，监管规则趋于严格（Huge，2017）。银行合规性成本升高，出于风险考虑，银行贷款更偏爱大企业。如果小微企业在成长期，模式被认可，创意被证实成功，有一定的市场前景，风险投资、天使投资、私募股权等传统资本才会进入；如果在扩张期，企业有好的市场前景，营业收入增加，银行才会积极提供贷款。但是处于初创、起步、早期阶段的小微企业，因为风险大，银行不愿意提供贷款，互联网金融是与小微企业相匹配的金融科技，能够弥补小微企业前期融资缺口。金融监管更多的是管制大银行，对金融科技初创企业较为宽松，这种监管标准不统一，会触发监管套利行为，刺激金融科技发展。

15.2.2 现有金融体系边界限制

发达国家在科技应用和金融基础设施建设上都是高效的，但是在过去的130年中，资金成本并没有下降，先进的技术并没有拓展现有金融体系的边界，使金融消费者受益。只有新的金融企业进入才能实现金融进步，金融科技通过创新金融服务、数据分析、风险管理突破金融边界，提高社会福祉。发展中国家金融产品一直是稀缺资源，资金供给长期不足，存在金融排斥，这主要是金融设施落后。如英国国际发展部2006年资助肯尼亚，由Vadafone和Safaricom联合推出M－Pesa（移动货币），以方便微金融信贷还款，结果M－Pesa的银行账户功能弥补了金融服务长期存在的系统性缺口，互联网金融用户从2007年的7.95%升高到2014年的43.4%，改善了金融设施不足引起的金融排斥。

15.2.3 政策支持

当前各国都加大对金融科技发展的政策扶持力度，给予金融科技创新以宽松的政策，鼓励快速创新，如英国、美国、澳大利亚、新加坡设立金融科技创新中心，鼓励发展金融科技，拉动经济增长。英国在监管上采用监管沙箱等包容的监管政策，给金融科技企业减税优惠。美国发布无执行行动承诺函，对于能够获得巨大收益的金融产品，经过申请，监管部门发出无执行行动承诺函，促进金融创新。新加坡制定金融部门科技创新计划，建设电子支付基础设施，开发智慧化监管系统，进行金融科技的技术和技能培训；成立金融科技创新署，管理新加坡金融科技品牌战略，审查金融科技资助计划；成立金融科技创新实验室，对金融科技初创公司和拥有金融科技前沿技术的企业家制定年度指导计划，测试他们的想法，促进金融科技创新和成果转化。

15.2.4 消费需求转变

信息技术的发展推动了移动金融的发展，移动手机的普及从根本上改变了金融消费者行为。移动金融的低门槛、全覆盖使获取信息便捷，大数据、云计算降低其边际成本，不需要银行实体网点，移动支付拉动长尾效应。金融服务与日常生活相融合，增加了用户黏性，如微信支付等。伴随着信息技术的发展，金融产品和金融服务增多，客户需求多元化，需求规模呈爆发式增长，刺激了金融机构推出移动金融满足客户需求。金融业是信息化的产业，成熟的信息技术、海量交易把金融、信息、数据链接起来，因为金融、信息均是数据，产生了新的交易方式和交易工具，使处于概念化的金融服务变成现实，把客户和金融机构紧密结合到一起。客户需求激发了移动金融创新，信息技术实现了移动金融创新，海量需求给金融业带来利润，降低了移动金融创新的边际成本，推动了移动金融的发展。

15.3 金融科技促进经济增长作用机制

15.3.1　投资资本转换

随着数字化和互联网的发展，金融科技呈现爆发式增长（国际货币基金组织，2017）。2017 年世界金融科技采纳率为 33%，中国金融科技采纳率为 69%。2018 年 6 月，世界金融科技融资额为 579 亿美元，中国占 25%（毕马威，2018）。金融科技包括 P2P 网贷、众筹、小额贷款融资等，通过大数据分析，使用信用风险定价方式很大程度上降低信息不对称，提高风险管理效率，提供差异化的融资渠道，缓解小微企业公司治理不完善、信息披露不规范所造成的金融排斥。金融科技的低门槛、普惠性极大地刺激了用户潜在的金融需求，扩大社会的储蓄规模，方便快捷、较低的交易成本促进储蓄—投资快速转换。储蓄不能自动转换为投资，需要借助金融机构，金融科技的去中心化、金融脱媒加快了储蓄向投资的转化效率。

15.3.2　信用资本积累

传统金融增信体系较为落后，金融机构和消费者存在严重的信息不对称，金融机构信息收集成本高昂。为了降低信用风险，有形抵押品成为金融机构发放贷款的重要参考，则小微企业被排除在金融服务之外。随着互联网金融、普惠金融的发展，小微企业的采购、生产、经营全面金融化，区块链、人工智能的发展将小微企业的交易信息转变成信用记录，良好的信用积累能够提升信用等级，获得更高的信用额度和更低的利率，不好的信用记录则会降低信用等级，信用额度下降，利率升高。由此可见，信用是一种价值资本，信用资本的形成降低了金融机构与小微企业的信息不对称，资信良好的小微企业能够获得更多的信贷支持和金融服务，缓解融资约束，资信较差的企业则被排除在金融服务之外，市场竞争更加公平，促进经济健康发展。

15.3.3 长尾消费需求

金融科技扩大了资金的供求规模和范围。居民的消费需求和消费供给得到很大改善，提升了居民的消费动力。按照亚洲开发银行的报告，世界有 25 亿人不能得到正规的金融服务，发展中国家金融排斥更为严重。一方面是金融资源供给有限，另一方面是金融消费需求旺盛，金融资源供求矛盾的主要原因是小微企业信贷风险较大、成本较高。金融科技的互联网、大数据计算能够解决投融资者之间的信息不对称，互联网金融能够以较低的交易成本提供智能化的服务，金融科技的普惠性提升了居民的边际消费倾向，与较大规模的长尾消费需求相匹配。如互联网提升了消费信贷的审批速度，风险量化模型解决了信贷投放的信息不对称，金融脱媒提高了金融服务的灵活性。金融科技的发展拓展了信贷、支付、保险、财富管理等金融服务领域，居民的金融消费环境得到很大改善，金融消费更加多元化。

15.3.4 拓展贸易范围

金融科技移动设备、数字技术、互联网的广泛应用，更加有利于产融结合，扩大制造业产出水平和可贸易范围。一方面金融科技打破了传统金融行业格局。金融科技是技术带动的金融创新，新的金融产品、服务、流程，给金融服务、金融市场、资本市场带来重大影响（FSB，2016）。金融行业竞争更加激烈，促进了并购和行业合作，提升金融市场整体的服务水平。另一方面金融科技不受时间和地域限制，提供了金融服务跨境交易的便捷性，金融服务商可以开展离岸金融外包活动，金融科技公司可以在国外无实体情况下提供跨境金融服务，消费者可以 7×24 小时全方位得到金融服务，增加了各方跨境交易的意愿。金融科技还具有影子银行的作用，便利制造企业融入全球价值链，拓宽融资渠道，贸易企业能更好地协调全球生产网络，提高决策效率，降低出口成本。

15.4 金融科技风险类型

金融科技快速发展，但也产生了全新的金融风险，除了传统金融机构的信用风险、流动性风险，还有技术风险、监管风险、系统性风险。

15.4.1　技术风险

金融科技是指技术进步带动的金融创新，技术既是金融科技产生的动因，又是金融科技风险的隐患。第一，计算失误带来风险。金融科技依靠技术和平台提供金融服务，但是技术漏洞和编程错误造成的破坏后果巨大，因为金融科技依赖大数据等信息技术，海量的交易数量和交易频率在错误编程的运营下，会输出海量的错误信息，误导投资者决策。第二，数据泄露技术风险。在大数据、互联网背景下，数据泄露时常被新闻媒体报道，网站很容易被黑客攻击，给数据的拥有者带来巨大经济损失。第三，技术失控风险。如果金融科技的数据和人工智能应用环境不能被操作者控制，会产生技术控制风险，目前还没有一项技术能够在不受损失的情况下，解决人工智能失控问题。第四，技术还不够完善。区块链具有去中心化、信息共享机制，但是区块链技术不成熟，也招致许多学者对金融科技的怀疑，如增加信息不对称、升高交易成本、降低交易效率，未创造企业价值（Thomas，2012；Joseph，2018）。

15.4.2　监管风险

金融科技的发展颠覆性地改变了传统金融的信用风险识别、获得、评估方式，金融产品、金融服务、业务流程的设计逻辑也发生了根本性变化，对金融监管者提出了更高的技术要求，金融科技模糊了金融服务的边界，传统金融的分业监管将不能适应。传统金融监管的规则监管主要是监管金融机构的业务流程，金融科技不断创新的业务流程成为监管盲点。传统金融监管因金融科技信息、数据不足，增加了监管的信息不对称，监管法律、监管理论滞后，已不适应当前的金融科技（Reyes，2016）。金融科技快速发展，监管机构很难把握监管时点，过早监管抑制金融创新，过晚监管导致金融风险。监管者缺少技术储备可能会导致监管迟钝，2015 年的股灾就充分说明了监管者技术存在缺陷，配资公司运用 HOMS 系统给投资人开设伞形账户的行为，监管者就缺乏技术能力和技术手段进行监管、预警。

15.4.3 系统性风险

对于金融系统性风险的传统认识是大型金融机构具有“系统重要性”，忽视小型去中心化的金融科技，但是，金融科技在大数据、互联网、人工智能、区块链等技术的作用下增加了金融风险的隐蔽性、敏感性、复杂性、负外部性、传染性、突发性，极易引发系统性风险（Schwartz，2000；Brownsword，2009；Hou，2015；吴晓求，2015；徐忠，2017；杨东，2018）。由于信息爆炸和信息依赖，技术漏洞会对金融市场产生巨大影响，衍生系统性风险（王立勇，2016）。监管方式、监管法律滞后，可能会造成金融科技创新的野蛮生长，形成系统性风险（彭赛，2015）。金融科技的快速发展模糊了金融机构和非金融机构之间的边界，增加了金融机构的关联性，金融科技的任何风险都会快速传递到整个金融系统，在投资者恐慌状况下，会导致群体反映，形成系统性风险。

15.5 金融科技风险分析

15.5.1 单个机构的脆弱性

一是对数字技术的依赖。科技企业开发出高密度数据商业模式，出售给金融科技企业，金融科技企业的经营决策十分依赖这些数据集，如亚马逊对小型销售商的借贷、阿里巴巴的最优支付，为黑客攻击提供机会，这是金融科技企业共同的薄弱环节，一旦黑客攻击，会出现大规模的风险隐患。二是自身经营的原因。如网络借贷，体量大、投融资人数多、问题平台多。2018 年交易量为 17 948 亿元，问题平台占比为 85%，投融资人数 2017 年就达 1 713 万人和 2 243 万人，交易量、投融资人数、问题平台三项指标全球均位居第一（李苍舒，2019）。业务模式从最早的拍拍贷点对点直接借贷模式演变成以红岭创投为代表的“全兜底”模式和以人人贷为代表的“半兜底”模式，已从信息中介异化为信用中介。平台具有三个特点：一是平台对投资人适当性甄别不够，资金来者不拒，投资者风险管理能力差；二是平台进入门槛低，竞争激烈，借贷门槛低，重流量、轻风控，出现大量不良借款；三是平台多头借贷和重复借贷，不少平台从赚取利润、管好风控转变成借新债还旧债的旁氏模式。网络借贷平台鱼龙混杂，风险隐患较大。

15.5.2 风险传染性

一是传统金融机构和金融科技企业关联性较强，金融科技企业风险对传统金融机构和金融市场具有很强的传染性。一方面，传统金融机构在区块链金融、大数据分析、智能投顾方面十分依赖金融科技企业提供的金融科技服务，降低运营风险、数据安全风险和金融监管的合规性成本；另一方面，金融科技企业为了补充流动性，会从传统金融机构融资，如果金融科技企业破产，风险将会传递给传统金融机构和金融市场。二是个体经营失败被市场错误解读导致行业性风险，进而导致系统性风险。中国新金融业态，如网络借贷等金融科技，没有传统金融机构的存款保障制度和资本充足率要求，抗风险能力较弱，加之中国网络借贷平台的混业经营和庞氏骗局模式，问题平台较多，网贷平台长尾客户风险识别和管理能力较差，一家网贷平台跑路，就可能导致整个行业的连锁反应，出现大量挤兑现象，导致整个网络借贷行业风险，甚至系统性风险。

15.5.3 信息不对称

一是金融科技企业与金融消费者之间的信息不对称。金融科技企业没有传统金融机构全面披露信息的要求，信息不对称程度较高。互联网理财平台的投资组合打包、资产管理嵌套不进行详细披露，投资者无法获知资金流向等资产端信息，很难识别投资风险，存在巨大的投资风险隐患；区块链和人工智能在金融科技广泛应用，但是基本算法、代码、接口不透明以及算法审计缺乏，算法错误给投资者带来的投资决策错误是灾难性的。二是市场交易主体之间的信息不对称。根据了解客户（Know Your Customer，KFC）原则，市场参与者需要详细了解对方交易者信息，但是在金融科技环境下，交易对方可能会选择性披露对自身有利的信息，把风险转移给交易对方，出现道德风险。三是金融科技的数字化和网络化加剧了金融风险的负外部性，因为信息不对称，交易对手出现风险状况时，会在最坏的假设下进行风险处理，导致连锁反应。

15.5.4 监管的不适应

金融科技快速发展，余额宝自 2013 年 6 月创立后，一年后资产达 5 700 亿元人民币，1 亿人参与投资，在全球在线基金排名第四、中国第一，但是却缺少有针对性的监管约束。一方面金融科技系统性风险不断提高，另一方面监管机构缺少专业知识和监管工具引导、约束金融科技企业行为。第一，监管机构很难确定金融科技参与者。以比特币为例，监管机构首先要确定市场主体，但是很难确定比特币的创造者是谁；开挖者分散在各地，是匿名个体，也不能确定；参与者为数众多，也是匿名，识别参与者也很困难。第二，就是确定了市场主体，金融科技的结构使得监管机构监控参与者的行为也很困难，金融科技公司没有传统金融机构强制信息披露的约束。第三，金融科技的不断创新使监管法律永远滞后于金融科技的发展，金融科技创新成为监管盲点，监管的不适应增加了系统性风险发生的可能。

15.6 各国金融科技监管模式

15.6.1 放任自由型监管

放任自由型监管是为了鼓励金融科技创新，减少创新的合规性成本，因而不对金融科技创新进行监管。放任自由型监管一般适用在金融科技创新初期，此时，风险轮廓和业务属性不明确，制定成熟的监管规则存在一定的困难。另外，严格监管使金融科技企业创新的合规性成本升高，不利于金融科技创新。金融监管的目标是金融机构公平竞争和金融消费者保护，实践证明互联网金融具有金融脱媒、去中心化和普惠性，适当的金融科技创新有利于优化资源配置，促进经济发展。抑制金融创新既不利于金融科技企业创新业务，也不利于金融消费者保护，与金融监管目标相违背。但是放松金融监管会带来金融科技创新的野蛮生长，形成金融风险，损害金融消费者利益。对于 2015 年以前的互联网金融，我国的监管部门就是采取先发展后规范的监管思路，但是 e 租宝跑路事件促使我国监管部门进行审慎监管。

15.6.2　个案分析型监管

金融科技创新超出了金融监管法律法规的范围，在特定背景和特定情形下也不适用（不符合特定规则），在不损害监管原则的情况下，监管机构根据法律授权进行个案分析，给予包容监管，如美国的无强制行动函和美国货币监理署（OCC）的特许或有限许可监管措施。个案分析性监管的部分豁免是建立在监管者和金融科技企业充分沟通的前提下，监管者能充分了解金融科技企业的创新信息和市场创新发展，调整监管政策和措施，具有监管包容性和灵活性。这种个性化的监管被监管者能够通过特许或有限许可获益，有利于金融科技企业创新，但也存在一定的监管缺陷：一是监管者掌握个案分析的主动权，如果金融科技创新超出了监管法规，监管主体并不知道是否符合特需要求，增加了创新的合规成本；二是特许或豁免需要监管者的深度分析，这需要监管工具和监管专业能力，增加了监管成本；三是监管者个案评估没有标准可循，如果监管者能力不足会出现错误特许，扭曲竞争，监管者也可能会承担监管责任。

15.6.3　量体裁衣型监管

金融科技创新行为超出了现有监管法律范围，监管机构不是放任自由，也不是特许，会针对新的金融科技创新进行量体裁衣制定相适宜的监管法规。金融稳定理事会（FSB）对 26 个国家进行调查，发现有 20 个国家对金融科技创新采用量体裁衣型监管（金融稳定理事会，2017）。量体裁衣型监管有较高的规制成本，主要适用于替代性金融创新，如美国证券交易委员会（SEC）的股权众筹和P2P网络借贷（Hazen，2012；Pesok，2014；Ibrahim，2015）、乔布斯（JOBS）法案（Bradford，2012；Parsont，2014）、欧盟的支付监管框架（PSD2，2015）。尤其是第二版支付服务法令（PSD2）消除了金融机构对支付服务和客户信息的垄断，有利于第三方服务商（如购物平台、社交媒体和电信公司）使用银行数据或P2P转账服务，优化了支付系统的盈利模式、价值链和客户预期。

15.6.4 削足适履型监管

削足适履型监管是用传统的金融监管法规监督金融科技创新，目的是防止金融科技风险，代价是抑制了金融科技创新，是大多数国家都采用的金融科技监管模式。按照金融科技监管的严厉程度大小，金融科技监管模式的顺序依次是：削足适履型监管→量体裁衣型监管→个案分析型监管→放任自由型监管，各种监管模式均是创新与监管的权衡，严格监管，金融科技企业创新的合规性成本升高，金融创新不足，放松监管则会产生监管空白，导致金融科技创新的野蛮生长，极易诱发系统性风险。削足适履型监管最为严格，金融风险最小，但最不利于金融创新。放任自由型监管就是放任不管，最有利于金融科技创新，但金融风险最大，量体裁衣型监管的严厉程度排名第二，对金融创新的消极影响较小，但是规制成本较高。个案分析型监管与放任自由型监管相比，对金融科技创新采取更积极的态度，了解创新，给予创新特许，既有利于创新，又能及早发现风险。

15.6.5 监管沙箱

监管机构通过准入机制和有限授权，在确保安全的情况下，鼓励金融科技初创企业进行创新的实验机制。对进入监管沙箱的企业，监管者对其创新行为进行监督、审核和评估，减少与被测试企业的信息不对称。“监管沙箱”实验的目的是促进金融创新和金融消费者保护，如果进入“监管沙箱”实验的企业不能实现金融科技创新或创新风险较大，则终止测试。进入监管沙箱的初创主体对进行测试创新的金融产品和服务不承担任何监管后果，是一种包容性金融科技创新监管政策。监管沙箱有立法背书，降低监管者的失职法律风险，但是如果监管者的专业能力不足，可能会“无为而治”，积累金融科技创新风险。监管沙箱的主要缺陷是进入监管沙箱测试的金融科技企业较少，创新实验的时间较短或者对获得的公众资金进行限制，发展较快的被测试企业很快就不符合监管沙箱的准入要求，失去“监管沙箱”实验授权（盛安琪和耿献辉，2019）。

15.7 金融科技监管

15.7.1　包容性监管

包容性监管的核心是接纳和包容。一方面要给予金融科技创新一定的试错空间，鼓励金融科技创新；另一方面，包容不是放纵，是监管工具的多元化、监管手段的多样化，要关注金融消费者利益。包容性金融监管理由如下：金融科技的价值及广泛应用需要时间检验，严格监管会抑制金融创新，事无巨细的监管会导致监管资源浪费和监管无效。监管部门采取包容性监管政策，采取中立的态度（既不支持也不反对），观察金融科技创新有没有市场价值，能否增加金融消费者利益，金融科技发展表现出什么样的风险状况，通过了解金融科技的发展制定匹配的监管措施。2015 年中国人民银行等十部委联合发布《关于促进互联网金融健康发展的指导意见》，提出“适度监管”“制定宽松的监管政策”“创新监管”。英国金融行为监管局提出的“监管沙箱”就是支持金融科技创新的一种灵活的监管机制，也就是包容性监管。

15.7.2　监管科技

2008 年金融危机后，各国纷纷采用严格的监管政策，合规性成本升高抑制了金融科技创新，于是转变金融监管理念，从规则监管→原则监管→监管科技，从行为监管→审慎监管→监管科技。监管科技去中心化、共享机制、自信任数据管理系统、大数据的可视化分析和人工智能数据处理的自动化，为监管科技提供了必要的技术条件，用去中心化的监管科技监管去中心化的金融科技，更有利于保护金融机构和金融消费者利益，有利于金融科技创新。在世界范围内，进行大数据分析和微观数据收集成为金融监管的潮流，英国进行“监管沙箱”实验就十分重视监管科技的运用，中国共产党十九届四中全会指出要继续打好防范化解重大金融风险攻坚战，牢牢守住不发生系统性金融风险的底线，这就需要监管机构进行监管科技创新，探索前沿监管科学技术，完善监管基础设施，使用区块链等技术建立大数据分析、自动预警系统，实行穿透式监管，防范系统性风险。

15.7.3 完善数据治理体系

2016 年英格兰银行指出，现有的人力资源对金融机构报送的纷繁数据无法进行有效管理，需要启动数据整合计划。金融科技监管需要说服数量众多的金融机构，通过计算机利用大数据进行历史数据标准化处理，金融数据标准化沉淀成本巨大，美国在构建全球法人机构识别编码（LEI）系统时也面临同样的问题。当前从世界金融科技发展现状看，金融科技数据垄断，每个金融机构拥有独自的数据系统限制了金融科技监管数据化。如果中国要想在金融科技创新中具有国际竞争力，必须要完善数据治理体系。金融监管机构先要打破大金融机构数据垄断、数据的排他性使用、只在内部自由流转的局面，把金融数据纳入宏观审慎监管框架，加强数据的立法工作。金融科技数据的产生、收集、储存、传输、使用和分析要在法律的框架内被全程监管，并建立数据交易、流通、开放、确权等方面的法律制度，完善数据产权法律保护。

15.7.4 监管路径多样化

具体路径包括分布式平等监管、智能化动态监管、征信体系建设等。分布式平等监管是指利用区块链的信息共享机制，构建数据共享平台，降低监管者和金融科技企业的信息不对称，监管机构能够及时平等获得数据，主动监管。金融科技企业和金融机构不需要专门人工报送数据，只需将数据上传信息平台，大大减少了金融科技企业和金融机构的合规成本。金融消费者也能充分了解金融科技企业和金融机构的交易数据，实施多元化监管。智能化动态监管是指人工智能、深度学习等可以自动对金融市场创新主体进行监测和监管，保护金融消费者利益。智能化动态监管要求金融监管规则机器可识别、用代码表达，提高了执法效率，减少人为主观判断，有效治理执法腐败。征信体系建设是指运用区块链技术的不可篡改的分布式记账和共享机制建立金融科技企业的信用平台，根据金融科技企业的信用等级实行重点监管及宽容监管，建立金融科技监管的激励机制。

第 16 章

数字经济时代数字金融“双风险”演变机制分析

科技与金融融合改善了金融服务效率，从 20 世纪 80 年代商业银行手工记账到电子自动化，银行跨区域通存通兑出现，再到 21 世纪，互联网、大数据、云计算、人工智能、区块链技术促进数字金融快速发展。当前实体经济“脱实向虚”，数字普惠金融推动经济高质量发展尤为重要，但是数字金融也表现出巨大风险。根据中国银行保险监督管理委员会披露，网络借贷平台在最高峰时超 5 000 家，到 2020 年 11 月仅剩 3 家，我国网络借贷爆雷给 3. 2 亿人造成损失，金额巨大。金融风险重要性已由传统金融的“太大而不能倒”，转变成“太互联而不能倒”和“太快而不能挽救”，数字金融风险治理成为政府和学者们十分关注的问题。

16. 1 数字金融文献综述

新古典经济理论指出，金融创新优化资源配置，转移交易风险促进经济增长（Merton，1995）。内生增长理论认为，金融创新有利于资本积累，促进技术创新，拉动经济增长（徐伟呈，2022）。完善的金融制度能够减少资本错配（Gersbach，2017）、促进分工演化（Saint - Paul，1992）、缓解融资约束（Stulz，2010），增加企业产出和社会福利（易鸣，2019）。数字金融的金融产品、数据、场景创新弥补了传统金融的不足（徐伟呈，2022），其“数字足迹”缓解金融市场交易不对称（Vives，2019；Berg，2020），数据处理能力增强了金融服务功能（Livshits，2016；Thakor，2020），“金融脱媒”降低了金融交易成本（Fuster，2019；Philippon，2019），“机器学习算法”提高了金融运行效率（Livshits，2016；Fuster，2019），“区块链技术”改善了金融交易的安全性（Gai，2015；Seretakis，2019），“移动应用”推动普惠金融发展（Odinet，2019；Hasan，2020）。数字金融的“资金放大器”功能（万佳彧，2020）、“鲇鱼效应”（乔海曙，2014）、“替代效应”（李佳，2022）、“互补效应”（王国刚，2015）、“协同效应”（郭峰，2020）、“减贫效应”（黄倩，2019），提升了微观企业的经营效率（李春涛，2020）、区域经济的全要素生产率（唐松，2019）、宏观经济的产业升级（黄益平，2020）。数字金融促进了实体经济发展（钟凯，2022）、绿色经济发展（段永琴，2021）、经济双循环发展（韩俊华，2022）、包容性增长（张勋，2019），以及农户创业和乡村振兴（何广文，2019），并缩小城乡收入差距（宋晓玲，2017），促进居民消费增长（张勋，2020），发展社会保障（汪亚楠，2020），改善收入分配状况（梁榜，2021），实现共同富裕（张金林，2022）。然而，数字金融的技术迭代和产品创新产生的放大、扩散、聚合效应导致金融风险触点增多（李佳，2021），产生更多的金融风险类型，如算法风险（王怀勇，2021）、数据安全风险（周代数，2020）、账户管理风险（高惺惟，2022）、流动性风险、信用风险和系统性风险（陈红，2020），风险特征更为复杂，具有易变性、非平衡性、内生性（陈红，2020），染能传力更强，极易形成系统性风险（王正位，2022）。金融风险监管研究包括监管理念和监管行为的变化。监管理念研究包括功能监管（张永亮，2020）、行为监管（谢平，2014）、规则监管（唐要家，2021）、原则监管（郑彧，2021）、审慎监管（程雪军，2022）。监管行为的变化研究包括从功能监管、行为监管（王勋，2022）到监管科技（杨东，2018），监管科技研究经历了技术监管（金融稳定理事会，2016）到监管数据自动化（夏诗园，2020），再到以数据为中心的算法监管（Arner，2017）。

已有文献从实证分析角度研究数字金融发展和风险，从法规的角度研究数据金融的监管科技，对数字金融风险演进机制分析的研究较少，毫无疑问，这些研究对治理数字金融风险、促进经济高质量发展十分重要。本书试图对上述问题进行规范研究。

16.2 数字金融促进实体经济高质量发展的机制分析

16.2.1 理论逻辑

根据金融发展结构理论，合理的金融结构增强资金流动性，拓宽融资渠道，提高资本形成的速度、规模和效率，促进实体经济高质量发展（Goldsmith，1975）。中国金融市场是银行主导的金融结构体系，商业银行的垄断特征使其缺乏竞争压力和创新改革的内生动力，经营理念和业务模式不适合企业创新发展，信息不对称程度较高。创新型的中小企业研发投入具有沉淀性、正外部性和创新不确定性，不符合银行贷款有形抵押品条件，无形资产、产品订单等动产不能被银行识别。现有的贷款利率定价技术无法通过风险核准，金融排斥以及创新的长周期和高风险加剧了中小企业的破产风险。数字金融的低门槛增加了资产端资金的供给规模，拓展了企业融资渠道，增加了实体经济的资金供给，降低企业对银行信贷的依赖，缓解企业融资约束，有利于企业创新，因为企业创新投入资金大，具有资源依赖性。

根据金融发展功能理论，数字金融促进金融竞争，完善了金融体系，优化了金融服务的兑换、结算和交易等基本功能以及金融资源跨时区配置核心功能（吴晓求，2015）。随着数字经济时代的到来，市场需求个性化、多样化和高品质，出现生产“数字化”，产品使用“智能化”，销售服务“定制化”，组织生产“高效率”，产品交付“柔性化”，对企业投融资、支付结算等金融服务的便捷性、灵活性、可得性提出更高要求，传统金融表现出不适应，尤其是在疫情期间传统金融已经不能满足企业金融服务的线上需要。数字金融使用大数据、云计算、互联网、物联网、人工智能、区块链技术实现了金融脱媒，优化了金融服务的时空边界，建立了生产、采购、电商销售和金融服务相融合的大科技生态系统（金融服务的集约化和自动化）和大数据风控模型，准确预测违约概率，增强了金融资源配置效率和金融服务的精准性，有利于企业创新发展。

16.2.2　实现机制

数字金融交易成本低、投融资门槛低、运作效率高、创新速度快，与传统金融相比，具有广覆盖、高效率、普惠性的优点，优化资本形成机制、资源配置机制、监督机制，提升企业创新效率，扩大了技术溢出，促进产业结构升级和绿色经济发展。一是资本形成机制。数字金融扩大了资产端和资金端的供给规模和范围，把居民零星储蓄快速转变成大额资本，贷放给实体经济，并依托网络平台和数字技术促成投融资者直接交易。二是资源配置机制。数字金融依靠互联网、大数据、云计算、人工智能，拥有高效的信息收集、分析和传输能力，投融资者均可在网络上发布信息，并通过网络舆情、区块链节点、数字足迹进行验证，发布优良信息的人能够积累信誉分值，而发布虚假信息的人将降低信誉分值，失去发布信息、评价信息的权利，该机制赋予了网络弱势群体信息监督权和信息定价权，把金融资源低成本、高效率配置给优质项目的融资者，有利于产业结构升级。三是技术溢出效应。数字金融投融资速度快、规模异质性、交易成本低、融资渠道广、信息不对称程度低，为创新能力强的低碳企业提供充足的资金支持，促进了企业技术创新。创新具有技术溢出效应，数据信息的传播和处理能力加快了要素市场和产品市场信息数据的交互速度，市场化程度更高，市场要素跨地区跨市场关联、流动、互动增强，数字金融水平高的地区能够通过“涓滴效应”流向低水平地区，有利于新技术的应用、推广和普及，扩大了数字金融的技术溢出效应。四是征信体系的建立。数字金融的交易数字足迹能够使用大数据、人工智能分析建立信用数据库。诚信的交易记录增加信用得分，违约的交易记录降低信用得分，信用得分的积累能够升高信用等级，把交易信用数据转变成信用资本，降低了交易双方的信息不对称，减少资本市场摩擦，优化金融市场环境，有利于企业竞争和创新，解决“劣币驱逐良币现象”。五是经济高质量发展。数字金融差异化的金融产品和金融服务刺激了不同群体的消费需求，增强了经济内循环动力，进一步推动了经济发展和产业结构升级以及社会经济高质量发展，并表现出非线性特征。

16.3 数字金融“双风险”演变

数字金融依靠互联网、区块链、人工智能、大数据、云计算拓宽了传统金融的业务渠道，但没有改变传统金融基本业务模式，流动性风险和信用风险等基本风险类型依然存在，混业程度更高。在科技的作用下，金融风险传播速度更快、涉及面更广，更容易产生聚合、散发和共振效应，诱发系统性金融风险，所以数字金融风险表现出传统金融的原有风险（流动性风险、信用风险）和数字金融新增风险（系统性风险）“双风险”特征。

16.3.1 数字金融传统金融风险演变

（1）流动性风险

流动性风险是指虽然有资产偿还能力，但是不能以合理的价格借入资金或者出售资产清偿到期债务的不确定性。传统金融流动性风险的诱发因素包括期限错配风险、挤兑赎回风险等。如果流动性风险演变成流动性缺失，则企业被迫破产清算。数字金融流动性风险与传统金融相似。如网络银行将出售的电子货币用于投资，不能满足客户结算、赎回电子货币、兑付要求，将导致流动性风险。下面以互联网金融为例，分析数字金融的流动性风险与传统金融流动性风险共同基因。①资金错配风险。把短期储蓄转变为长期投资是传统金融的功能，发生期限错配不可避免，金融机构应该控制金融错配的程度。数字金融某些理财产品和业务模式就存在严重的资金错配问题。互联网金融为了获得客户的青睐，提高投资收益率，把短期资金投资于长期项目，同时，允许客户进行 T+0 的即时赎回，如百度百法、理财通、余额宝。但货币市场基金在固定时间交易，所以数字金融平台因此承担隔夜的流动性风险和市场风险。像理财通就由腾讯和华夏基金使用其头寸，先行垫付，在非交易时段，如果大量资金同时退出，数字金融平台投资的基础资产（如货币基金）流动性下降或价值贬损，会诱发集体性挤兑，如果超出资金池能力，将导致严重的流动性风险。②资金集体赎回风险。数字金融投融资门槛低，一般是小额投资者，注重本金的安全性和收益的刚性兑付，具有风险厌恶特征，对数字金融投资平台风险分析能力不足，某一平台出现问题，投资者就会集体挤兑抽回资金，并引发其他平台的挤兑现象，就连经营业绩良好的平台也不能幸免。如2008年9月，Reserve Primary Fund货币基金投资雷曼相关债券资产净值跌破1美元，就引发货币基金市场恐慌赎回。赎回金额两天内高达2 000亿美元。数字金融的跨机构、跨市场联系加大了金融的流动性风险。

（2）信用风险

信用风险是交易对方因为信用等级下降或不能履行合同义务给投资者带来损失的不确定性。传统金融交易是信用交易，信用交易的主要风险是交易主体的信息不对称引发逆向选择和道德风险。信用交易风险本质上是信息问题。信用风险、信息与价格存在一定的逻辑关系，信息不对称程度越高，信用风险越大，信用资产价格越高。数字金融（如互联网金融）和传统金融（如民间借贷）的信用风险差异是：民间借贷是基于信任交易规则熟人之间的信用，信任是软信息，违约风险较大，民间借贷利率较高，符合高收益、高风险匹配规则。互联网金融是将熟人的交易规则拓展到陌生人之间，通过互联网建立的融资关系，数字金融交易具有开放性、虚拟性，支付结算和信息传递通过网络传输，打破了传统金融交易的时空障碍，增大了交易主体身份、交易真实性的识别难度。金融监管滞后不能适应数字金融不断创新的金融产品，以及信用体系不完善，加大了陌生人之间的信用风险，融资者违约成本较低，平台套利空间较大，跑路现象频发，数字金融产品不断创新增加了投资者分析金融产品风险的难度，投资者有很大的信用风险损失隐患。

16.3.2 数字金融系统性风险演变

金融危机是指很多金融机构“头寸”短缺，难以运作，最后纷纷倒闭。金融危机与金融风险不同，金融风险是局部性和可能性，金融危机是全局性和现实性；金融危机是金融风险的转化。传统金融危机的主要特征是“太大而不能倒”的系统性危机，即大型金融机构对金融危机的重要性。数字金融又增加了两个金融危机的燃爆因素：“太互联而不能倒”和“太快而不能挽救”。“太互联而不能倒”，是指在数字经济时代，所有金融产品和金融交易者均处于全球金融网络中，金融网络跨越机构、行业、国家，太互联容易发生风险传染，引发金融危机。如摩根大通与大量交易对手链接，包括交易者、经纪商、交易商、做市者、银行、小贷公司，这些高科技金融链接很容易发生事故。1998 年，长期资本管理公司是一家仅有 200 人的小型对冲基金公司，因为与几乎所有大型银行存在关联，出现金融风险后，联邦储备委员会不得不对该公司推出 36 亿美元的救助计划。一家金融机构、一个金融产品、一国金融体系问题，很可能引发全球金融危机。如今金融对科技的依赖性更大，使得交易者都进行着类似的交易，存在一样的概念偏差，单个金融平台流动性急剧下降的反馈回路会危及整个金融系统，“太互联而不能倒”风险越来越大。“太快而不能挽救”，是指数字金融的交易速度在毫秒间完成，“错误”传导会像闪电般蔓延，金融危机表现出“太快而不能挽救”。交易速度提高了金融效率，但是交易员的错误操作也会迅速殃及金融机构，甚至金融系统。2008 年法国兴业银行交易员杰罗米·科威尔擅自设立仓位，就导致银行 49 亿欧元损失，成为“魔鬼交易员”。自动化交易程序对负面刺激和不良数据作出的反应，在高速运行下加剧传导和波动，快速消灭市场交易头寸，降低流动性，导致“闪电崩盘”。1987 年的“黑色星期一”股市崩盘与 2010 年“闪电崩盘”均与算法交易应用扩大相关。“闪电崩盘”更糟糕，“太快而不能挽救”。

16.4 “双风险”演变理论分析

根据金融脆弱性理论，金融系统具有金融脆弱性特征，包括信用脆弱性和货币脆弱性，金融脆弱性积累到一定程度，就会形成系统性风险。一是高负债经营的脆弱性。金融机构存在“高负债、硬负债、软资产”特征，高负债、硬负债需要匹配流动性强的硬资产刚性兑付履约能力，而金融机构的信贷资产是软资产，流动性受多种外在不确定因素影响，偿债能力有很大的脆弱性。二是不断创新的金融产品、金融服务、金融模式增加了金融脆弱性。金融创新程度越高，金融风险越大，新金融工具越多，升高金融产品的层次性，金融体系和金融流动性更加脆弱。三是信贷周期的内在脆弱性。根据明斯基危机理论，信贷周期与经济周期相互促进和相互加强，在经济繁荣时期，金融政策宽松，信贷规模大幅增加，杠杆率持续升高（到不可承受之重），而在经济衰退时期，银根紧缩，信贷规模大幅减少，明斯基时刻到来，金融危机爆发。

根据复杂网络理论，传统金融机构处在复杂网络中，数字金融是传统金融网络节点的延伸，复杂网络各节点相互关联，各节点的脆弱性会导致“双风险”关联共振。一是复杂网络各节点具有关联性，节点众多，相互影响并相互叠加呈线性向外延伸，数字金融作为一种全新的金融业态，不断创新金融工具、金融服务和金融模式，连接频繁，聚集度高，演变成中心节点速度较快，重要性增强，风险增大。二是复杂网络重要节点具有自相似和自组织特征。自相似是指重要节点在性质和结构方面具有很强的相似性，传统金融和数字金融等各重要节点均依赖大数据、人工智能、互联网等科技，具有金融科技相似性。自组织指网络中心节点相关联的精细度和复杂性不断增强。如传统金融、互联网金融、供应链金融、数字金融、区块链金融不断融合，金融在多种科技作用下，各节点表现出合作、竞争、进化和冲击。三是数字金融渗透到社会的方方面面，生成“新复杂网络”，新复杂网络的旧节点和新节点生成“新的网络结构”，网络结构具有“二八效应”，重要节点出现技术问题，就会引发网络瘫痪，破坏整个网络结构，打乱网络秩序，网络脆弱性加剧了金融脆弱性和金融危机爆发的可能。

根据金融风险传染理论，系统性金融风险是指单个金融机构破产，会通过资金链、信息链传导、蔓延、扩散到其他金融机构、整个金融市场，资产价格大幅震荡，流动性缺失，金融市场崩溃，大量金融机构倒闭，并殃及实体经济和整个社会。传染性是系统性风险的驱动因素，是金融风险的基本特征，引发金融波动溢出效应，不同市场共同变动，产生“多米诺骨牌效应”。从金融风险传染源看，金融机构“硬负债、软资产”等金融脆弱性是系统性金融风险爆发的隐患。从金融风险的传染媒介看，传统金融和数字金融的关联性是系统性金融风险传染的路径，同业拆借、同业存放等业务关联性（资产负债表关联）引发系统性金融风险传染，单个金融机构风险爆发就可能改变全社会投资者心理预期，引发金融领域投资者信心危机。数字金融具有普惠金融特征，广覆盖农村、小微企业等弱势群体，根据传统金融的“二八定律”，80%的长尾客户抗风险能力较低，风险传导更加广泛，不管是个别数字金融平台风险还是个别传统金融机构风险，都会引发80%的长尾客户恐慌，传导给整个社会。

16.5 “双风险”现实传导分析

传统金融和数字金融具有共同风险“基因”，数字技术在金融活动中的应用，就如同“马车变汽车”，在“双风险”基因共振下，加快了系统性风险的扩散速度和强度。

数字金融的“双风险”传导包括相同的传统载体、业务模式竞合、相同的传导链条以及数字金融传染性和快速转化性。一是传导载体相同。①客户载体相同。银行业、保险业、证券业等传统金融行业与数字金融均为社会大众提供投融资、理财等金融服务，数字金融服务范围更广、服务人群更下沉、长尾客户更多，但是数字金融没有改变金融风险基因和金融风险属性，两者具有高度融合的客户载体，在市场出现利空信息时，客户载体的快速传播导致传统金融和数字金融风险共振。②信息载体相同。金融活动离不开信息的收集、处理和分析，所不同的是信息处理的自动化程度，传统金融早期采用人工形式，数字金融采用线上形式，互联网和移动手机的普及使得两者对风险的传播均通过网络进行，坏消息瞬间传播到千里之外。③资金载体相同。传统金融和数字金融的本质均是资金融通，因此才产生交易主体的金融活动，数字金融的资金融通速度和效率更快，把更多的交易主体连接到一块，金融交易更便捷、更活跃、规模更大，资金链问题的风险放大效应更强。④预期心理载体相同。传统金融非理性投资者较多，表现出从众心理，坏消息的出现引发羊群效应。数字金融创新产品更为复杂，投资者识别风险的难度更大，跟风交易更为普遍，坏消息的恐慌心理更强，羊群效应更为明显，对金融稳定的破坏作用更大。二是业务模式竞合。传统银行的业务模式是通过信用中介地位赚取利差，数字金融“金融脱媒”以较低的成本提供更优质和差异化的金融服务，数字金融迫使传统金融进行产品创新，形成竞合关系。①传统金融机构增加影子业务规模，影子银行过长的融资链增加了传统银行杠杆率和流动性错配，导致传统金融与数字金融具有相同的链条传播风险。②传统银行增加风险资产配置，如债权投资、同业资产、房地产贷款，银行和资本市场关联性增强，金融风险增加。③传统银行引进数字金融，增加双方的竞合程度。各大国有商业银行纷纷与科技企业合作（中国工商银行与京东，中国农业银行与百度，中国银行与腾讯，中国建设银行与阿里巴巴），进行场景嫁接、技术合作、数据共享，传统金融和数字金融双方的竞合关系导致金融风险传播模式趋于一致。三是传导链条相同。传统金融和数字金融的主要功能均是为资金融通提供服务，即实现资金从供给者向需求者转移，利率的高低体现了转移风险的大小。①信用风险传导链条。传导因素（投融资者信息不对称、高收益预期）引发信用标准的差异，从而产生不同的信用风险，根据风险收益匹配原则，偏爱高收益的投资者承担高信用风险。②流动性风险传导链条。流动性风险包括货币流动性、融资流动性和市场流动性。货币流动性受国家货币政策的影响，当经济衰退时，银根紧缩，传统金融和数字金融货币流动性均降低，并因关联而相互影响。融资流动性有很强的传导性，一家金融机构的流动性短缺，降价出售风险资产行为外溢降低金融系统总流动性，导致流动性不足。市场流动性是指证券资产不能按照正常价格交易。数字金融平台成为问题平台之前均表现出市场流动性风险问题。货币流动性、融资流动性、市场流动性相互作用、相互转化，风险不断积累，金融危机爆发。四是系统性风险的传导分析，即数字金融传染性和快速转化性。①数字金融网络结构复杂，网络结构集中度高，系统关联性强，风险传染性强，传播面积广泛，风险暴露面大。信息是传染机制的载体，网络技术的发展使信息有很高的共享程度，当出现金融风险时，信息通过网络快速传播。金融消费者在相同时间作出相同决策，加速金融风险蔓延。数字金融的开放性和普惠性加大了负面信息的传播规模，产生对整个行业的不信任，如网络借贷平台的萎缩。②快速转化性。信息技术是金融业务的重要支撑，网络加快了信息传播的速度以及金融风险和非金融风险的转化。数字金融有很多的风险源，如操作失误造成系统超负荷停止运转，恶意竞争散布竞争对手存在安全漏洞谣言，数字金融平台战略错误造成巨额信贷损失。某个金融平台问题会导致对整个行业的不信任。数字金融有很多的风险传播路径，如信用风险→声誉风险→流动性风险，操作风险→声誉风险→流动性风险，进一步地，流动性风险引发信用风险，放大声誉风险和流动性风险，每一个风险都可能导致金融消费者集体挤兑，加重风险的转化速度和风险的传染性，形成系统性风险。

16.6 数字金融对传统金融监管的挑战

16.6.1 数字金融对风险监管理念的挑战

金融监管的核心是控制风险，数字金融具有去中心化特征，传统静态监管规则无法适应不断创新的数字金融，不利于保护金融消费者利益，维护金融稳定。行为监管、审慎监管注重对金融机构的监管，而数字金融的金融行为网络化、自动化、虚拟化、复杂化，传统金融监管不适应，保护金融消费者利益的监管目标无法实现。微观审慎监管是约束金融机构行为，宏观审慎监管是对系统重要性金融机构进行监管，以保持整个金融系统稳定。在数字经济时代，数字金融行为主体泛化，区块链金融、平台金融行为主体法律认定困难，监管规则不能约束去中心化的数字金融行为主体。传统金融监管措施注重对资产端金融机构行为的控制，资金端风险控制不足，风险主要由投资者承担。行为监管、审慎监管是基于监管规则的静态监管，数字金融的去中心化、不断创新的金融产品使得中心化的传统金融监管不适应。严格的准入规则不利于金融创新，宽松的金融规则导致数字金融的野蛮生长，不利于金融稳定，法律层面很难确定恰当的准入规则：同时保护金融机构和金融消费者利益，实现金融监管目标。

16.6.2　数字金融对监管方式的挑战

传统金融监管是通过对金融机构材料的审核，检查金融机构行为的合规性，包括现场审查和非现场审查。现场审查是金融监管人员到金融机构内部查看金融机构的报表、文件，审查金融机构经营的合规性。而非现场审查是由金融机构定期向监管部门报送会计报表、风险数据文件，通过审查利润表、资产负债表、风险数据来判断金融机构经营行为的合规性。两种情况均是通过事后审查材料来监督金融机构的合规性，数字金融不断创新金融产品和金融服务，突破传统金融监管规则，导致监管空白，而传统金融监管的滞后缺陷、技术缺陷和中心化现状，不能监管去中心化的数字金融。市场主体本身就具有很强的逐利动机，不断进行金融创新，突破监管框架，如我国禁止代币发行后，市场又出现了通证发行、分叉发行等类似代币发行的金融产品，传统金融监管技术和监管法规与数字金融创新表现出很大程度的不匹配。监管套利、监管空白导致监管失效，微观风险点很可能聚集，激发系统性风险。

16.6.3　综合经营对监管模式的挑战

数字金融各类业务相互嵌套，金融业务综合性增强，相关程度加深，需要监管机构熟悉各类业务，信息不对称更加严重。监管机构以数字金融会计报告为基础的审查监管面临较大的道德风险，因为无法动态掌握数字金融平台的经营行为，进行早期预警。数字金融也可能伪造材料，逃避监管，侵害金融消费者利益。安盛投连险爆雷就是内部管理层改变投资方向，向高风险衍生品市场投资，隐瞒风险信息。香港保险监管局接到投诉后才知道安盛投连险违规行为，监管及时性严重不足，监管模式滞后，使监管机构无法动态掌握数字金融平台的经营信息。不仅是金融机构和金融投资者、监管部门存在信息不对称，监管机构之间也存在信息不对称。监管机构缺少行业综合统计数据，分业经营、分业监管体制使得监管机制协调能力较差，不利于统一监管。监管模式与数字金融综合经营不匹配，不能对数字金融的综合性经营行为进行有效统筹监管；监管技术落后，监管能力不足，“中心化”的监管机构使用碎片化信息监管“去中心化”的数字金融，会引发道德风险，不利于保护金融消费者利益和金融稳定。

16.7 监管科技

审慎监管、行为监管是传统的金融监管理念，无法治理数字金融风险的虚拟化、网络化。数字金融的去中心化需要匹配去中心化的监管科技，动态监管数字金融信用风险、流动性风险和系统性风险。

16.7.1 完善区块链征信体系建设

征信体系不完善是数字金融信用风险外部性的主要原因。因为征信体系缺失，导致投资者和平台、投资者和融资者、平台和借款人信息不对称。投融资者信息不对称，融资者具有信息优势，融资者隐藏信息、虚构信息可能误导投资者，违约风险较大。投资者和平台的信息不对称，平台拥有信息优势，可能会进行虚假宣传、虚构项目、标的自融，骗取投资，也可能非法集资，平台欺诈行为导致卷款跑路，给投资者带来信用损失，造成社会恐慌，如2014年的e租宝跑路事件。

区块链技术非对称的加密算法和共识机制可以完善区块链数据认证系统，信息被区块链多节点认证，才能录入征信系统，保证了信用评价的准确性，以及信息传递的安全性，改善信任网络环境，提升数字金融信用供给质量。区块链共识机制有利于信用信息共享，区块链技术将信用信息储存在区块上，防篡改、可追溯、共享机制保证上网信用数据的可靠性，降低数字金融的信用风险。区块链加密技术能够对个人信息进行编码，使个人信息处于匿名状态，防止个人信息泄露，激励交易者积极通过区块链节点发布交易信息，增加信用信息含量，因为只有交易数据足够大时，信息才能转变成信用，使信用成为资本。信用成为资本后，信用等级较高的融资者融资能力增强，融资成本降低，能够很好地降低流动性风险。区块链技术完善征信体系，有利于解决各交易主体的信息不对称，减少信用风险和流动性风险损失，以及信用风险和流动性风险的外溢效应，防范系统性风险。

16.7.2　区块链科技监管

强制要求数字金融企业报送财务报表以及风险数据文件，监管部门进行风险分析和风险识别，发现数字金融平台的风险行为和风险暴露，不可避免地增加了数字金融平台的合规成本，也因此可能引发数字金融平台虚假披露数据，增加监管信息不对称，带来更大的金融风险和监管风险。区块链技术自信任、防篡改、共识机制有利于保证交易者发布数据的真实性，因为交易数据要经过交易对手、交易平台多方验证，信息才能上链获得共识。信息披露的多元化，如数字金融平台、投融资者、信用平台、金融机构、社会大众，扩大了信息范围，以及对虚假信息的验证维度，信息数量更大和质量更高，提高了数字金融的信息透明度，减少信息披露合规成本，促进监管和谐。数字金融平台通过区块链节点自动披露信息，人工智能监管体系可以动态、即时获取数字金融企业风险数据，自动监管数字金融平台行为。人工智能监管体系可以使用区块链技术的共享机制，多部门联合监管，以应对数字金融的综合经营，解决监管协调性、监管统筹性、监管信息碎片化问题。监管部门把大数据、人工智能与区块链技术相结合建立风险数据自动报告系统，数据金融平台的合规程度更高，合规工作量更少。金融监管部门风险识别能力更强，能够通过自动风险预警系统，及时处置某个数字金融平台的流动性风险、信用风险，防止风险蔓延。

16.7.3　智慧监管

各国的监管模式均是监管和创新的权衡，传统命令控制型监管模式的金融合规性成本升高，降低了金融风险，但金融创新不足。过度宽松的金融监管模式导致数字金融的野蛮生长，过度金融创新极易引发系统性风险。智慧监管具有创新性、想象力和灵活性，产生于 20 世纪 90 年代的西方国家，属于介于命令式监管和放松管制之间的多元监管主义（朱娟，2018）。为了应对金融危机，实现公共利益，提高监管效率和质量，加拿大、欧洲各国政府纷纷采用智慧监管模式。智慧监管理念是公平和效率，监管主体是政府、企业和第三方（市民社会和行业协会），改变了命令控制型监管的二元结构（政府和企业）。采用自我监管、行业监管、监管沙箱和信息策略的渐进式监管方法，有利于应对数据金融不断创新的监管挑战。智慧监管是一种包容性和开放性监管方式。自我监管也被称作“自我规制”，是数据金融平台自我监督和相互监督。数据金融平台掌握该行业的优质信息和专业知识，监督能力更强、监督效果更好，区块链技术的共识机制为监督提供平台，缓解了政府监管部门监管资源稀缺、专业技术知识不足问题。行业监督是行业组织制定行业行为规范，如登记备案、合规监测、违规处罚。行业监管能够保证自我规制的有效性、技术性、专业性。监管沙箱是降低监管障碍，鼓励数字金融创新，测试数字金融破坏性创新，降低试错成本的监管方法。信息策略是数字金融平台信用信息、风险信息的披露制度，信息披露具有开放性，相关交易主体能够验证、鉴证信息的真实性。为了保证自我监管、行业监管、监管沙箱、信息激励的有效性，需要政府部门建立数字金融监管平台。为了保证信息发布、信息鉴证、交易信息、信息激励的可靠性，需要使用区块链技术构建信息共享平台，各主体在节点发布信息，监管部门时时在线，负责监督和协调，协调是智慧监管的重要功能。

16.7.4 量子技术信息监管

金融行业本质上是信息产业，金融信息系统就是通过生产、处理、收集数据和信息，控制金融风险，信息化成为促进金融发展和提升金融竞争力的关键因素。信息不对称是金融信用交易风险的主要原因，传统金融监管无法适应不断创新的金融科技产品。具有信息优势的融资者对具有信息劣势的投资者的道德风险已经成为金融科技风险规制的重要内容。经历新冠疫情的冲击，金融行业数据化、信息化加快发展，金融数据已经成为金融监管的核心，实时动态获取金融科技交易数据成为保护金融消费者利益的关键。量子计算为监管部门收集、加工、使用数据提供了技术，高算力推动了监管科技的构建。监管科技以数据为核心，通过聚合数据、处理数据、解释数据、建模分析数据、预测报告管理数据，完成科技治理，如监管部门建立兼容应用程序编程（API）接口、统一数据格式和机读监管机制，提高监管效率。

具体来说，量子技术对数字金融风险监管主要表现在三个方面。一是量子技术高规格算力保证了区块链技术“以链治链型”的监管路径的精准度和高效率。监管科技依靠动态、实时、透明的数据驱动监管为核心，利用量子技术为全方位、全过程、低成本、高效率的科技监管提供可能，当前监管部门算力有限，量子技术能实质提升算力，发展监管科技能力。二是量子技术实现政府部门数据联通共享，提升政府监管效率。传统金融监管机制行政链条过长、组织层级过多，政府各部门数据不能共享，金融监管整体效率较低，量子技术能够消除政府各部门数据壁垒，解决“灯下黑”问题。量子技术的超强算力、远距离通信、隐形传态能够优化以区块链为底层技术的核心架构、共识机制（P2P 网络技术、智能合约和分布式账簿技术共同建立），实现政府监管数据实时共享。三是量子技术提高政府金融监管预警能力。量子计算为监管科技提供低成本、高速算力保障，使监管部门具有海量数据处理能力，能够及时、动态分析、监测金融机构流动性，抑制过度投机，预警金融系统性风险，维护金融稳定（杨东，2021）。

第 17 章

基于区块链技术的数字金融风险监管分析

数字金融风险“缓积急释”，具有非线性特征，数字金融平台某个不利事件的发生就会诱发行业风险，并传递给整个金融市场，存在很大的系统性风险隐患。传统金融监管不适应，“趋中心化”的传统金融监管无法监管“去中心化”的数字金融，基于区块链技术的监管科技能够动态、平行、实时监管金融科技风险，提前预警和处置，防范系统性风险。

17.1 金融监管范式转变的原因分析

根据托马斯·库恩的范式理论，金融监管范式是金融机构必须遵循的一系列监管体制、监管规则、监管方法、监管实践和监管模式等（Michael，1998）。如果金融机构的金融产品、金融服务、经营模式及外部生态环境发生变化，则金融监管范式应作相应调整。现在数字金融不断技术创新和“去中心化”，建立在传统金融生态基础上的金融监管体制和监管手段已经不能应对不断变化的数字金融创新。

17.1.1　数字金融创新导致金融风险泛化

第一，金融风险泛化表现为“泛金融化”。传统金融服务主要由金融机构提供，证券交易所、银行是筹资的主要渠道，现在随着数字金融不断创新，众筹、P2P 网贷、代币发行成为金融方式，以证券交易所为基础的经纪人被中介机构取代，并给证券交易提供交易场所和流动性（Brummer，2015）。数字金融等非金融机构通过金融创新以低成本、可持续的方式为金融消费者提供金融产品和金融服务。区块链技术在支付领域的应用改变了传统金融的支付方式，互联网、大数据、云计算在金融领域的应用，降低了金融服务的门槛、成本，模糊了时空界限，金融服务具有普惠性和大众化。第二，金融风险泛化表现为金融风险频发。就信用风险来说，P2P 网贷平台重流量、轻风控，加之征信体系不完善，投资者要求刚性兑付，以及信用中介模式，信用风险很大。就流动性风险来说，股权众筹和 P2P 网贷通过互联网完成，服务对象多是低收入长尾人群，平台某个不利事件就会引发投资者挤兑，羊群效应导致平台流动性缺失。就顺周期来说，P2P 网贷投资者不像银行有抗风险的能力和金融稳定的义务，P2P 网贷投资者多是低收入人群，抗风险能力较低，低迷的经济环境降低了他们的收入，加重了悲观情绪和不好的市场预期，因为人数较多，具有系统重要性，加剧了顺周期性。就网络安全来说，数字金融广泛使用互联网等数字技术，在金融服务中存在相同的技术应用，一旦黑客攻入就会造成大范围网络瘫痪。就消费者权益保护来说，智能投顾由算法决定，缺少面对面的交流，消费者并不清楚投资建议是否符合自己的需要，出于验证需要，分布式账本技术交易信息要在网上披露，隐私权泄露风险较大。第三，金融风险泛化表现为数字金融的脆弱性。数字金融平台不断爆雷说明数字金融有更大的风险隐患，股权众筹发行平台发行人初创公司比普通发行人破产风险大很多。高频交易策略之间的高度关联性，增加了资产价格波动性、传染性和传播速度，运用于证券和支付结算的无许可分布式账本技术（DLT）只能做到盖然性结局，不能实现结算终局，使已经发生的证券转让和支付结算被迫撤销，造成结算和支付系统混乱（周仲飞和李敬伟，2018），增加金融机构系统性风险。

17.1.2 传统金融监管存在“步速问题”

传统金融监管是危机型监管，在金融危机出现后加强监管，完善金融规则，不能解决金融创新和金融规则“步速问题”，数字金融不断创新金融产品和金融服务，进行监管套利，规避监管。传统金融学理论认为，金融体系脆弱性源自于信息不对称，监管者对监管对象、监管方式和监管时机均建立在筛选的数据之上，过早监管使金融创新合规性成本升高，抑制金融创新，过晚监管导致金融科技野蛮生长，增大系统性风险隐患，各国监管模式均是监管和创新之间的权衡。监管的紧迫性和不断创新的数字金融使监管者及时筛选金融数据更为困难，技术的不断创新也使基于事实的监管路径不断变化，降低了监管者筛选出金融数据的概率，监管者发现自己因为信息不对称陷入缺少信息数据无为而治的固有困局（Fenwick et al.，2016）。信息不对称增加市场参与者进行监管套利的动机，监管者获得数据的真实性会大打折扣，增加金融市场中逆向选择风险，品质优良的市场参与者信息披露的合规性成本较高，而“劣质”市场参与主体进行虚假信息披露，合规成本较低，快速实现金融扩张，导致“劣币驱逐良币”现象。网络借贷的庞氏骗局等就属于这一现象。另外，不断创新的数字金融产品一直快于金融规则“立改废”，金融监管规则缺少“前瞻”内容，事先制定的金融规则无法适应数字金融出现的新变形。当准备对比特币进行监管时，在支付结算中又出现了类似技术的分布式账本技术；对于算法歧视和市场流动性抽逃，缺少法律规制；对于网络空间中的金融消费者信息泄露，金融监管者无法应对。

17.1.3 命令式金融监管的缺陷

传统的金融监管是命令式规则。命令式监管规则是指金融机构必须满足监管规则要求，违背规则必然遭受处罚。命令式监管规则不考虑金融机构的特殊情况，实际是“一刀切”的规则，增大了金融机构的合规成本，并不能体现公平和正义。根据资本充足率要求，不同的银行贷放给同一类借款人相同金额的资金，风险权重相同。然而，一家银行与另一家银行对借款人的风险识别和风险分析能力存在不同，两个不同的借款人投资能力和信誉态度也可能有较大差异，导致还款意愿和还款能力差异较大，因此，风险权重应该不同。监管规则“一刀切”不利于金融创新和金融公平，对于监管法规允许使用的数字金融创新，监管机构对不同数字金融平台类似的创新产品采用相同的规则可能会扼杀真正的金融创新产品，因为创新技术属于隐性知识，不能显性化，监管人员很难发现其差异。对于数字金融创新突破了现有监管规则，不同数字金融平台两个差异较大的金融产品创新，因为“一刀切”可能都会被拒绝或者放行，带来相异的风险隐患，引起风险泛化。

命令式监管规则是一种刚性监管规则，但是由于创新具有高度的信息不对称，为了增强规则的适应性，降低规制制定成本，规则具有抽象性、模糊性和概括性，以覆盖将来可能的数字金融创新，规则在适用中具有主观性，容易引发监管套利。监管机构和被监管金融企业目标不同，监管机构的目的是保持金融稳定（防范金融风险），而被监管金融企业目标是利润最大化，两者利益不可调和。被监管金融企业利用监管法律的模糊地带追求利润最大化，使用金融创新进行监管套利，监管套利成为金融规则实施中的重要组成部分。

17.1.4　技术性规则不具有监管实时性

审慎监管比率等是技术性规则的重要组成部分，以监测金融机构的运营行为，如流动性监管比率、风险集中度比率、资本充足率比率等。这些比率除了来自监管机构的现场监管外，主要来自金融机构报送的报表，但是根据金融机构年报、季度报表、月度报表计算出来的监管指标是金融企业过去经营行为的表现，不具有监管实时性，如海波地产银行、德克夏银行、富通银行在 2008 年金融危机阶段，一级资本充足率分别是 8.6%、11.3%、9.1%（欧洲共同体委员会，2009），此时已经股价大跌，一级资本充足率对银行的风险隐患并不能作出及时反映，表现出滞后性。数字金融平台具有技术优势和信息优势，加之数字金融创新技术不断应用，金融产品、金融服务、金融模式技术相互嵌套，监管人员对于出现的新技术有一个接受、了解、识别和掌握的过程，不能实时、全面、有效监管数据金融瞬息万变的金融风险。如高频交易者利用算法优势、技术优势和速度优势，通过协同定位、指令占先使普通交易者失去投资机会，侵犯金融消费者权益，监管规制不能发现。这会导致数字金融创新野蛮生长，风险不断积累，然后爆发，金融创新被政府取缔，如 P2P 网贷平台在 2020 年被监管部门限制出清。每一次金融危机都促使金融监管制度作出相应的改革，是一种事后的金融监管规则调整，传统监管规则不具有监管实时性。

17.2 监管科技理论和技术分析

17.2.1 监管科技逻辑分析

（1）规则治理→原则治理→科技治理

金融监管规则是一个不断演进的完善过程。会先根据金融机构目前的金融行为制定针对性的监管规则，但是金融产品、金融模式不断创新，规则治理无法应对未纳入监管范畴的金融创新，所以金融监管规则和监管法律的弹性化、概括化、抽象化增强了监管机构监管的应对能力。从规则监管看，规则不能规定所有监管事项，规则监管的对象是金融机构的业务流程，不是金融机构所有的交易行为，这种“轻经济实质，重法律形式”导致金融机构大量的金融行为不能被监管到，形成监管漏洞和监管空白（刘轶，2009）。规则监管不能覆盖的金融产品、金融组织风险不断积聚，并在各领域不断扩张。

不断创新的数字金融导致规则监管空白不断扩大，原则监管成为不二选择。原则监管与规则监管相比，规则监管有具体的规定，原则监管具有高度概括性和总体性，对于数字金融不断金融创新，规则监管存在监管漏洞，原则监管有较大的自由裁量权，则容易实现监管目标。但是原则监管的弹性化也增加了金融机构的合规成本，金融机构对监管原则的理解是基于自身的立场和利益去考虑，与监管机构的理解可能存在差异，金融机构认为合规的行为可能并不符合监管机构的要求，两者出现监管矛盾。所以原则监管需要双方的信任和信息对称，以及监管者对数字金融平台产品创新的跟踪研究，否则，监管者的监管风险较大，数字金融平台的合规成本较高，为了降低监管风险，就会减少监管弹性，原则监管蜕变成规则监管。

规则监管和原则监管本质上都是“趋中心化”的传统监管，在数字经济时代，科学技术不断发展，推动数字金融平台不断创新金融产品和金融服务，不管是规则监管还是原则监管均不能适应“去中心化”的数字金融。金融监管必须也具有科技属性，对数字金融的业务流程和技术创新有充分的掌握，把科技融入法规，进行科技治理，用“去中心化”的监管科技治理“去中心化”的数字金融，增强监管规则和数字金融创新的匹配性（杨东，2017）。

（2）审慎监管→行为监管→科技治理

金融机构的单个行为不具有系统重要性，符合微观审慎监管规则，但是金融机构尤其是数字金融平台集体一致的行为就会具有系统重要性，形成风险叠加和共振，导致系统性风险。金融危机的发生暴露出微观审慎监管的弊端，宏观审慎监管成为改革的目标，监管机构从整体上横向观察金融机构行为的同质性和相关性可能造成的金融风险（宏观审慎监管）成为一种制度选择。因为金融机构和金融消费者之间信息不对称，金融机构存在自利行为可能会侵害金融消费者利益，出于保护金融消费者利益，监管机构必须对金融机构的不当行为进行监管，即行为监管。宏观审慎监管和行为监管合称“双峰监管”。然而区块链、人工智能、大数据等技术在数字金融的应用使得金融产品、金融服务和金融模式不断创新，监管当局很难制定前瞻性的监管指引，进行统一监管实践。“双峰监管”不能适应数字金融技术创新，导致监管空白和监管套利。第一，在风险控制方面，数字金融创新扩大了资产端和资金端的供给范围和规模，分散了金融风险（杨东，2015），传统金融监管仅强调资产端的风险控制，因科技手段不足，无法应对资金端的风险，导致风险向投资者转移，投资者权益受到侵害。监管机构需要使用大数据、人工智能、云计算、区块链等监管技术对资金端和资产端同步风险监管。第二，在金融消费者保护方面，高准入门槛监管虽然阻止了单个金融机构的金融风险，但也抑制了金融服务、金融产品可得性和金融体系完整性，导致金融机构“太大而不能倒”。

传统金融监管通过监管单个金融机构行为和整体金融机构行为防范系统性风险，然而，数字金融平台是一个科技不断创新的“去中心化”金融服务，与“趋中心化”的传统金融监管存在时空差异，两者生存的金融环境相差较大，“趋中心化”的传统金融监管去监管“去中心化”的金融科技，必然带来监管混乱。只有把科技（如区块链、人工智能、大数据等）应用到监管规则，对数字金融平台的微观行为和数字金融行业的整体行为进行精准画像、重点监管、及时预警，才能有效监管（Reyes，2016）。监管科技降低了监管成本，提升监管透明度，更有利于保护金融消费者利益。

17.2.2 监管科技目标实现分析

双峰理论延伸了金融监管的目标：保护金融机构和金融消费者利益两个目标，科技监管改变了传统金融监管模式，实时获得动态数据，实时发出指令反馈信息，提前监管和预判，更有利于监管目标实现，保护金融机构和金融消费者利益。

监管科技目标实现需要从“了解客户”向“了解数据”转变（Arner，2017）。监管机构需要进行数据聚合、建模分析和预测、大数据处理和计算，优化数据收集、分析、报告、管理流程，丰富数据监管手段。

监管科技主要包括四个递进过程：

第一，数据收集和数字触达。从市场角度，如果监管机构能够识别数字真伪，实时监测金融机构流动性和风险因素，就能够提高市场稳定性（Arner，2015）。互联网和大数据技术的发展，使监管部门全方位获取数据成为可能，社交媒体、公共记录、物联网、卫星定位等增加了数字信息的可得性，金融机构提供的信息有可能造假，非结构化数据也可能会扰乱监管，所以收集数据需要精准电子捕捉。监管部门设立数据中心，监管技术系统链接金融机构后台系统，实时获取监管数据，使用数字可视化技术、大数据分析完成监管报告，创建监管部门和金融机构非现场“联合办公”机制，满足实时合规技术性要求（京东金融研究院，2017），减少金融机构报告报送、牌照管理等要求，降低金融机构合规成本。

第二，数据共享。监管部门、行业协会、金融消费者均是金融监管主体，数据共享是金融监管的基础，数据保护阻碍数据共享，形成信息孤岛，并导致金融机构信息低效。数据共享能够解决监管部门、行业协会、金融消费者与金融机构的信息不对称，降低监管交易成本，减少监管摩擦，增加金融服务的可得性，促进金融机构和金融消费者保护。数字金融快速发展，其数字足迹使建立信用中心成为可能。2017 年 6 月，中国互联网金融协会牵头，腾讯征信、芝麻信用、易网、百度等行业相关机构成立个人征信机构——“信联”，市场化的征信活动有利于实现数据共享，保护金融机构和金融消费者利益，降低金融风险（杨东，2018）。

第三，数据分析和决策。自金融市场发展以来，数字金融机构和金融服务也更加依赖数据，数字金融平台借助数据集和数据分析，对实际风险进行信用评级，降低信用风险，以更低的人均客户成本提供人性化的金融服务，具备更强的信用风险评价能力的数字金融平台，能使普惠金融惠及更多的长尾人群。监管机构能够借助更为完善的信息评估金融机构及其资金流向、资金使用和风险状况，为宏观决策提供直接数据信息，区块链就是完善的信息评估技术，能及时准确提供金融交易数据，评估金融机构风险，监管机构根据数据体现的金融创新风险情况，决定退市维稳还是深度创新决策，更有利于保护金融机构和金融消费者利益。

第四，监管执行。监管机构利用科技手段获取数据、分析数据，实时监管金融机构，给予处罚，退出市场，及时发现风险，刺破资产泡沫，抑制投机，利用科技手段实施前瞻性的金融监管，需要及时获得金融机构数据，进行监督和相应决策。监管机构获得数据透明度越大、频率越高，则“风险数据”越完整、全面、准确和结构化，监管机构识别金融机构主体风险行为和系统性风险越能够获得最佳实践。识别金融机构直接风险暴露、相似外源性因素间接风险暴露、与同一金融机构关联的金融工具暴露均需要数据，数据可以反映关注金融机构回应的程度，数据在金融市场中传递，数据保护、深度挖掘和数字分析有利于有效监管。

17.2.3　监管科技技术可行性分析

第一，金融监管基础设施。监管机构和金融机构收集信息涉及商业机密和个人隐私，需要完善数据收集系统，规范数据脱敏机制、加密机制、使用机制，而区块链技术的自信任、防篡改、共识机制正好能够完善基础设施，解决上述问题。例如，交易参与人需要在区块链系统内登记账户信息、资金信息，为了保护这些私有信息，相关信息经过节点确认，纳入公有链，成为交易人信用能力的基础数据，进行技术处理，能衡量信用风险。

第二，数据收集系统。烦琐的数据报告和严格的金融监管增加数字金融平台的运营成本，抑制金融创新，梳理科技治理思维，简化、重置、自动化监管有利于提高监管效率。为此，监管机构应该使用人工智能技术动态收集数据，使用密码技术保护数据安全，使用大数据技术进行精准画像，对非结构化数据使用数据挖掘技术，数据结构标准化有利于监管协调和数据库整合。区块链技术具有自信任、防篡改、验证和共识机制，能够解决陌生人之间的信任，缓解各方信息不对称，增加了信息收集的广度和信息评估的精度。如在支付结算应用领域，区块链技术使每一笔交易被记录、验证、不可篡改，有利于建立信息共享机制。一方面减少了数字金融平台信息披露成本和合规成本，另一方面降低了监管机构与数字金融平台的信息不对称，监管部门能够动态跟踪信息。如网银的建立既优化了支付的业务模式，又有利于监管部门获取行业数据，进行宏观审慎监管。

第三，数据预警机制。使用区块链技术的共享机制建立金融主体和金融行业的基础信息、交易信息和信用信息数据库，使用大数据技术进行风险分析，发现重要风险点，使用机器学习技术生成风险预警线，建立人工智能技术和区块链技术相结合的自动预警系统。另外，区块链共享机制有利于各节点的金融交易者平行监管金融交易者的风险行为，减少监管不公，增强区块链预警系统的风险灵敏度，一旦金融机构触及风险预警线，就会发出预警，有利于监管部门提前处置，进行监管。

第四，外部保障。区块链革新对多个行业产生重要影响，如硬件、代码、约束作用的“结构”，并重新定义法律规则的定义、设计和执行。区块链技术模式是一个公平的法律制定者和执法监管者，一是减少了执法的主观行为和寻租行为，抑制执法腐败，缓解了金融创新和金融监管的信息不对称。二是监管机构与区块链技术专家合作，把法规内嵌入区块链技术之中，进行代码执法，使数字金融平台通过区块链技术自律监管。

17.3 数字金融监管的国际经验

17.3.1 各国数字金融监管发展现状

美国对数字金融采取限制型监管模式，不管何种形式的数字金融创新本质上都属于金融业务，适用金融监管框架。如众筹和 P2P 网贷业务适用证券交易监管框架，第三方支付业务适用货币业务监管框架。美国对数字金融的严格监管实际是一种“穿透式”监管，根据业务本质和设计的功能划入相应监管体系，以实现监管稳定化和全面化。当监管法律无法覆盖数据金融创新时，政府进行干预，调整立法体系，以降低数字金融风险，维护金融系统稳定。对于数字金融发展，美国监管机构鼓励数字金融创新，给予宽松的监管环境。2016 年美国消费者金融保护局声明，在法律不明确禁止的前提下，消费者满意的数字金融创新产品，均采用“无异议函”政策，降低数字金融创新合规成本。美国法制完善，积极培养数字金融科技人才，2019 年预算投入 16.6 亿美元，监管法规根据数字金融发展灵活调整，以满足监管需求（申嫦娥和魏荣桓，2018）。2017 年美国国家经济委员会发布《金融科技监管框架》白皮书，为监管部门评估数字金融生态系统提供参考，明确了数字金融发展十项原则，金融监管的首要目标是保护金融消费者权益，关注数字金融创新发展，最大限度地降低数字金融服务给金融消费者带来的风险。

英国的数字金融监管采用主动型监管模式，在全球处于领先地位。对于数字金融发展规模大的业务，具有针对性地制定监管政策。例如，英国金融行为监管局（FCA）对市场规模最大、发展速度最快的投融资业务制定众筹信息披露规定、客户权益保护、最低资本要求监管标准，以及虚拟币发行人信息披露制度，目的是保护投资人利益（李新宁，2022）。英国对数字金融监管实践的突出成果是 P2P 网贷平台监管和“挑战者银行”监管。英国金融服务监管局（FSA）制定了网络借贷市场监管制度，提高了网络借贷市场透明度，保护 P2P 网贷投资者利益。“挑战者银行”监管是指对银行业务由微观审慎监管转变为“双峰监管”模式，降低负面评级对“挑战者银行”的影响，推出经常账户切换服务等保护了金融消费者利益（中国人民银行海口中心支行青年课题组，2019）。欧盟委员会要求根据数字金融创新对当前的监管框架进行调整，修改了金融监管框架和具体条款，因此，欧洲监管机构联合委员会（ESAs）创建了创新加速器、监管沙箱、创新中心等与数字金融相匹配的监管方法，促进数字金融创新发展。

发展中国家数字金融监管起步较晚，印度金融市场落后，居民普遍存在金融排斥，但是政府对数字金融发展持积极态度，对数字金融创新进行试点，出版区块链发展白皮书，鼓励银行开展数字金融新业务，制定完善数字金融监管框架。墨西哥数字金融发展迅速，为降低数字金融风险，监管部门对数字货币和第三方支付业务进行严格的监管审核，积极与英美国家合作，规范数字金融企业行为监管框架，降低金融市场风险。

17.3.2 各国金融监管体制改革的历史逻辑

（1）分业监管和混业监管

分业监管分为机构监管和功能监管。机构监管是根据金融机构身份属性划归监管部门和监管职责，而功能监管根据金融机构业务功能划归监管部门和监管职责。数字金融创新技术的不断应用使数字金融平台既有科技企业的属性，又有金融服务的行为，模糊了传统金融的边界，具有混业经营和跨域经营特点。金融创新技术越发展，数字金融混业经营越深化，传统的分业监管不能适应混业经营特征，出现监管空白和监管不适应，发生金融风险在所难免。1929 年经济危机后美国制定《1933 年证券法》《1934 年证券交易法》《格拉斯·斯蒂格尔法》，把金融机构的混业经营转变为分业经营进行风险隔离。20 世纪 80 年代，金融创新模糊了金融行业的业务边界，金融市场风险复杂化，1999 年制定《格莱姆法》对机构监管进行补充，引入功能监管，形成“伞形监管”体制，以应对金融机构混业经营挑战，向混业监管发展。20 世纪末，英国监管部门为应对数字金融混业经营导致的监管重叠和监管缺失，建立混业监管模式，设立金融服务监管局进行统合监管（混业监管），制定《金融服务和市场法》，适用几乎所有金融行业，具有审慎监管和行为监管功能，又称为“超级监管”，成为混业监管最具代表性的国家（陆岷峰和欧阳文杰，2023）。2008 年英国北岩银行破产，暴露出混业监管的弊端，英国由混业监管转变成“双峰监管”模式（实际是混业监管的另一种形态），丰富了混业监管的形式。经济发展推动金融机构市场化和混业经营向纵深发展，使金融监管从分业监管向混业监管变革，混业监管成为世界发达经济体的路径选择。

（2）目标监管和双峰监管

目标监管增强金融监管对金融创新的适应性，提高监管效率，防范金融风险。金融监管改革的目标就是根据监管目标设定监管机构，配置监管权限。“双峰监管”就是根据监管目标（金融机构和金融消费者保护）设置金融监管机构，并赋予其监管权力，分别适用行为监管和审慎监管模式，成为目标监管的典范，既降低了混业监管的监管冲突，又防止了分业监管的监管真空。“双峰监管”模式分为二元结构和三元结构，英国和荷兰是二元监管模式。英国撤销金融服务局，成立行为监管局和审慎监管局，行为监管局负责行为监管，审慎监管局负责微观审慎监管和宏观审慎监管，即二元结构双峰监管模式。澳大利亚是三元双峰监管模式，央行赋权储备银行进行宏观审慎监管，证券和投资委员会进行行为监管，审慎监管局进行微观审慎监管。采用双峰监管的国家或地区还有法国、西班牙、意大利、南非等。2008 年金融危机后，美国也在由分业监管向双峰监管过渡。

（3）监管目标和监管模式

金融危机是金融监管体制改革的重要推动力，金融监管的职责使命就是根据金融风险的种类和发展规律设立监管体制和监管目标，并配置相应的监管工具和监管权力。然而，金融机构和金融监管存在信息不对称，监管部门并不能完全预测风险并进行事前监管，一般是金融危机爆发后才进行监管应对、监管调整和监管改革，这种金融监管体制的纠偏机制推动金融监管模式和监管目标调整。与 1929 年经济危机相比，2008 年金融危机对监管体系冲击更大，发达经济体对监管模式进行深度调整，丰富了金融监管体系的功能和层次。一是更加关注金融市场系统性风险，宏观审慎监管成为监管体系的核心。金融监管的目标是防范系统性金融风险，围绕宏观审慎监管进行工具设计和制度设计。2010 年美国制定《多德 - 弗兰克法案》，成立金融稳定监管委员会（FSOC）。2013 年英国将审慎监管权力（双峰监管体制下）赋予央行英格兰银行，解散金融服务监管局（混合监管模式下）。二是强调监管协调，防止监管重叠、监管竞争、监管空白和监管盲区。2008 年金融危机后，治理分业监管风险隐患再次成为金融监管体制改革的重点，2010 年美国成立金融稳定监管委员会，协调不同监管机构的监管合作，防范系统性金融风险隐患。2013 年中国人民银行制定金融监管协调部际联席会议制度，2017 年国务院金融稳定发展委员会成立，进行监管协调。三是重视金融消费者权益保护。2008 年金融危机中，金融机构的行为给投资者造成重大损失，监管机构认识到行为监管的重要性，以保护金融消费者权益。美国设立消费者金融保护局，英国设立金融行为监管局，澳大利亚设立证券和投资委员会，监管金融机构行为，保护金融消费者权益。

（4）数字金融与监管沙箱

数字金融的前期阶段是互联网金融，智能手机的普及和电商平台购物推动移动支付的发展，互联网金融实现了金融脱媒，成为大众喜爱的普惠金融工具。当下区块链、人工智能、5G、云计算、大数据、元宇宙等数字技术发展推动金融产品、金融服务、金融模式的变革，优化了金融市场基础设施，给人们的融资服务、投资管理、支付结算带来了便捷，但是数字金融的“去中心化”增大了金融风险的复杂性和传染性，使审慎监管和行为监管不适应，“趋中心化”的金融监管不能应对“去中心化”的数字金融，存在巨大的监管风险隐患。为了降低数字金融风险，发达经济体对数字金融监管进行了不同的监管权配置。英国赋权金融行为监管局监管金融机构行为（包括数字金融创新）和金融消费者利益保护，并进行“监管沙箱”实验，鼓励数字金融创新。澳大利亚赋权证券和投资委员会监管金融机构的数字金融应用以及科技公司的金融创新，并设置创新中心研究数字金融创新。美国对数字金融监管采用的是功能监管模式，认为数字金融的本质仍然是金融，对数字金融归口管理，因监管权责难以协调，全国性的数字金融监管法规不够完善。

根据数字金融的监管方式和监管理念，当前发达经济体数字金融监管手段包括监管沙箱、科技冲刺活动、创新加速器、创新中心和监管科技，其中监管沙箱应用最具代表性。监管沙箱原理与我国的改革试点相同。2015年英国最先建立监管沙箱制度，金融监管部门给予数字金融平台特许，在现实市场中测试数字金融创新产品、服务和商业模式，其目的是在风险可控的情况下进行数字金融创新。

17.3.3 各国的数字金融监管手段

（1）监管沙箱

监管沙箱是监管机构为鼓励数字金融创新，减少创新试错成本，为创新主体提供的一个合规成本较低的实验虚拟环境。进入监管沙箱的创新企业一般是处于创新初期，不需要承担监管后果，实际是一种实验创新和实验监管，并强调了数字金融消费者权益保护。英国最早提出“监管沙箱”

实验，2015 年就实行了“监管沙箱”实验。美国、韩国、新加坡、澳大利亚、加拿大、日本等 40 多个国家和地区纷纷推动了“监管沙箱”实验，并制定了“监管沙箱”指引，鼓励数字金融平台数字化转型，促进市场竞争和金融创新发展。

（2）监管科技

为适应数字金融“去中心化”的特点，依托大数据、人工智能、区块链、信息化、特定编码等科学技术，对数字金融进行“去中心化”的监管，以提高监管效率，降低数字金融风险，保护金融机构和金融消费者利益。监管科技是使用科学技术完善监管标准，与金融行业的电子化同步，建立机读机制，以技术支撑实现监管透明和信息共享，提高监管效率（杨东，2018）。加拿大金融市场监管局（AMF）成立了数字金融实验室，澳大利亚设立监管科技部门，制定《数字金融监管新规草案》《257 号监管指南》，探索监管科技业务流程。

（3）创新中心

创新中心是引导和支持市场主体（向所有企业开放）了解监管要求，保证数字金融创新产品和服务的合规性的专门联络点。经济实体向主管部门寻求非约束性指导，如创新商业模式、金融产品和服务、交付机制等是否符合注册、许可、合规要求，这也正是创新中心的主要目的。创新中心具有非立法性质，独特性在于附加的专业知识和专业技能，以及对商业模式、产品和服务的快速响应。创新中心的咨询反应过程包括企业网络、电话问询，监管机构对问询的筛选和处理，转交其他部门或与其他部门合作处理，监管机构向企业回应。创新中心已经在英国、日本、澳大利亚、新加坡、中国香港实施。

（4）创新加速器

创新加速器是监管机构、政府和金融科技公司三方合作机制，政府通过资金支持，监管机构通过监管支持加速数字金融企业创新发展。英格兰银行的数字金融创新加速器包括四大技术：网络安全、机器学习、数据储存和分析、分布式账簿。网络安全是指根据公开数据了解一家金融科技公司的网络弹性；机器学习是指被用来证明分析工具的价值，可以从收集的匿名监管数据中发现异常；数据储存是指研究监管报告数据的创新储存方案，数据分析是指将公司工具应用于历史性项目，按照绩效指标进行可视化表现；分布式账簿是指在保护参与者隐私情况下实现数据在网上共享。英格兰银行和新加坡均实施了创新加速器机制。

（5）科技冲刺活动

2016 年英国金融行为监管局推出科技冲刺活动，参与者包括科技公司、金融服务提供商、监管者和主题专家，共同探讨监管科技以及数字普惠金融服务，同时为概念验证（Proof of Concept，POC）开发提供依据。2020 年二十国集团与国际清算银行组织了科技冲刺活动，探讨问题包括监管报告数字化转型、监管恐怖主义融资和洗钱风险、监管机构信息动态共享。英国金融行为监管局已主持了数次科技冲刺活动，如 2016 年 4 月的“用户访问”、2016 年 11 月的“金融服务与心理健康”、2017 年 11 月的“模型驱动的机器可执行监管报告”、2018 年 5 月的“反洗钱与金融犯罪、国际犯罪”、2018 年 11 月的“退休金”、2019 年 7 月的“全球反洗钱和金融犯罪”（卜亚和张宁，2020）。

从各国监管发展现状、监管体制改革和监管手段可以看出，各国均在努力提高数字监管能力，用“去中心化”的数字监管应对“去中心化”的数字金融。在经济时代降低数字金融风险就要提高监管机构的数字监管能力。第一，数字监管能力是监管数字的能力。2021 年英国竞争与市场管理局成立数字市场部（数字监管机构），把数字监管融入监管体系。第二，数字监管能力是运用数字技术提升监管水平的能力。为应对数字金融风险，需要建立基于区块链、云计算、大数据、人工智能等技术的监管科技体系（杨东，2018）。第三，数字监管能力是数字技术驱动的制度协调能力（刘亚平和李雪，2022）。数字技术促进公共监管和私人监管的合作（Schmid et al.，2021），提升监管回应能力，推动监管政策制定（Coglianese，2004）。可见，提升数字监管能力是我国金融监管改革的新思路。

17.4 基于区块链技术的数字监管路径

下面以区块链非中心结算体系为例，构建基于区块链技术的数字监管路径。

（1）搭建区块链数字治理架构

传统金融监管是以政府监管机构为主体的“中心化”监管，缺少社会参与。在数字经济时代，部分区块链私有链和联盟链等特殊权限节点掌握在私人手中，为了充分利用数字金融风险治理资源，需要建立多元治理主体的“去中心化”数字治理框架，以实现社会平等治理。按照英国数字监管报告（DRR）的生成机制，数字治理框架分为规则转变成代码，数据标准化处理、用代码分析数据，生成监管报告三个部分。第一，把中心化的监管规则转变成代码，根据国外经验，监管规则可以使用自然语言处理（Natural Language Processing）技术翻译，也可以通过技术人员翻译，然后根据共识机制在区块链网络内运行规则代码，经过大多数节点同意后，形成区块链代码规则。第二，上链数据标准化，主要是实体交易数据的标准化。区块链要兼容实体交易主体的资产信息、工商登记和股权信息，进行数据化处理，把数字货币结算与实体交易数据一一对应，形成结算规则。第三，通过智能合约，搭建数据接口，把规则应用到标准化数据上，使用“代码—监管”规则对数据进行分析，形成分析报告（韩贺洋等，2023）。

（2）嵌入式数字收集治理工具

区块链监管治理的起点是数据收集。第一，收集区块链交易数据。在区块链治理体系中，监管机构和社会治理主体均参与到区块链节点中，是平行而非“监管和被监管”关系，均处于区块链社区中，股份授权证明（DPoS）、权益证明（PoS）的有权限节点是人为设置的，将治理主体置入DPoS、PoS节点中，实现全网数据收集，并通过决策权参与生态治理，实施决策行为实现风险管控。在私有链、联盟链中制定“去中心化”的基础设施标准指引，嵌入监管链，实现监管链节点数字使用、数据收集和数据评估。第二，治理主体深度介入区块链社区。区块链社区是技术创新的平台，也是吸引用户参与、推广运营的平台，所以与治理有关的数据在区块链社区能够收集到，如用户 IP 地址、手机号码和注册账号，以及去中心化金融（DeFi）等金融创新信息。智能合约技术拓展了数据治理的应用空间，大量资产可以“上链”数据化，包括金融资产的“上链”数据化（有利于抑制数字金融平台监管套利），治理主体通过数据挖掘，获得实体交易数据和数字金融创新数据，增强动态监管能力。第三，监管机构深度介入数字金融交易平台，收集平台数据。数字货币质押交易、杠杆交易以及 P2P 网贷链上化具有明显的中心化特征，监管部门应该进入数字金融平台区块链系统，深度参与其治理过程，如强化线上审核、实名认证、交易场所限制、交易场所政策，实现嵌入式监管，实施区块链监管创新。

（3）建立数据分析机制

第一，实现从“地址”到“人”的追索。通过监管节点收集链上信息后，应该根据特定治理目标设计针对性的分析系统。以反洗钱为例，“去中心化”结算存在结算工具价值波动大、交易成本高的特点，如果出现高频和大额交易应该重点关注，因为合法交易规避这一高风险、高成本方式。如果同一地址、不同地址联动，则可通过活跃时间和 IP 地址等分析手段，追查 IP 地址，锁定大额交易，对法币交易和实物交易进行金额比较和发生时间比较，挖掘违法交易。第二，借鉴社会工程学原理，突破“去中心化”匿名限制，完善数据分析手段。区块链技术通过私钥和公钥分离加密，私钥由个人持有，需要使用社会工程学原理突破，分为信息收集、角色伪装和破解攻击，监管机构使用该原理可以对非法交易和监管套利突破匿名限制。监管平台在监管社区和私人数字货币平台收集数字货币交易数据，对交易金额巨大和交易频繁的关键节点进行数据分析，锁定匿名交易关键人，通过合法的第三方交易实体或数字货币平台获得可疑平台匿名地址，与在数字货币平台、区块链社区收集到的数据信息进行对比，并使用开源情报（OSINT）方式对交易平台、网络、社区、区块链公开账簿进行叠加分析，寻找价值信息，锁定关键地址对应的目标对象，实施穿透式监管。第三，穿透式监管需要监管机构与执法部门横向联动。例如，用户使用数字货币交易进行监管套利等违法交易，监管部门和执法部门横向联动，通过浏览器的缓存跟踪用户购买信息、交易信息，得到真实用户信息，突破数字货币匿名限制。监管机构和执法力量对已确认的非法交易地址使用 Foley（2019）的研究（大数据分析和网络聚类分析方法）实施追踪分析，发现2 400 个非法交易对象，实际就是社会工程学的应用（孙友晋和王思轩，2020）。

第 18 章

数字普惠金的伦理基础、目标及悖论分析

《G20 数字普惠金融高级原则》指出，当前世界有 20 亿人不能得到正规的金融服务，失去摆脱贫困的机会，呼吁每一个国家制定数字普惠金融行动计划，解决弱势群体的金融排斥问题。一直以来，学者们对普惠金融进行积极研究，包括规范研究和实证研究。普惠金融的规范研究有：金融排斥（Leyshon，2008）、国际比较（Beck，2007）、包容性增长（Kapoor，2013）、架构体系（负责任投资原则组织，2010）、制度构建（何德旭，2015）、减贫路径（董玉峰，2020）、监管和改革（沈伟，2020；周孟亮，2009）。普惠金融的实证研究有：影响因素（Mandira，2011）、空间特征（郭峰，2020）、收入差距（Bittencourt，2010）、发展评价（Satya，2013）、风险承担（龚晓叶，2020）、减缓贫困（Agnello，2012）、发展水平（齐红倩，2019）。但是，对数字普惠金融基础理论分析的较少，本书试图进行这方面的研究，为数字普惠金融发展提供理论支持。

18.1
数字普惠金融的历史演进

根据制度变迁和服务形态，数字普惠金融经历了微型金融→普惠金融→数字普惠金融的发展历程。传统金融不发达导致金融产品、金融服务供给不足，弱势群体、长尾人群被排除在金融服务之外。金融科技创新降低了金融产品和金融服务的供给成本，催生出数字普惠金融，提升了金融服务的宽度、深度、效率，金融产品和金融服务可得、普惠，金融需求增加。

普惠金融的早期形式是微型金融，如小额贷款。这种微型金融源于金融供给不足，小额贷款与大额贷款相比，扩大了金融产品和金融服务供给的范围，这与信用等级低的弱势群体、长尾人群的资信状况相匹配。小额贷款具有违约收益低、违约成本高的特点。根据大数定律，小额贷款能够实现风险覆盖，具有可持续性。1983 年孟加拉国成立小额贷款银行，是全球最早的普惠金融。格莱珉乡村银行使用连带责任和社会压力来解决信贷违约风险问题，增加弱势群体和长尾人群的金融可得性和持续性，推动了孟加拉国经济的发展。1994 年我国引进了小额信贷，是一项脱贫攻坚项目，到 1996 年小额信贷发放资金规模为 9 000 万元，1998 年达 1.6 亿元（杜晓山，2000），1998 年《中共中央关于农业和农村工作若干重大问题的决定》提出推广小额信贷资金扶贫到户。墨西哥康帕图银行（Compartamos Banco）是拉丁美洲最大的小额信贷银行，1990 年成立，主旨是为妇女和小企业提供小额贷款，在墨西哥国内有 352 个金融服务办事处、15 000 名员工，2007 年从世界银行和安信永国际公开招股募集资金 4.67 亿美元，是上市融资最成功的"微型金融"机构。

21 世纪，普惠金融形成全球共识，2005 年"国际小额信贷年"联合国提出"普惠金融"概念，全球金融合作组织、普惠金融国际联盟、国际货币基金组织、世界银行在世界范围内大力推动普惠金融发展，目的是促进经济包容性，提升社会福祉。各国纷纷对普惠金融进行顶层设计，制定普惠金融发展战略。2015 年中国国务院印发《推进普惠金融发展规划（2016—2020 年）》，提高金融服务的满意度、可得性和覆盖率，解决小微企业、贫困家庭、农村地区的金融排斥问题，并指出普惠金融是为各阶层群体提供机会平等、成本可负担、商业可持续的金融服务。学者们对普惠金融的研究包括“普”和“惠”两个维度，一些学者更强调普惠金融的“普”，普惠金融是经济体内所有的企业和个人都能得到金融服务（Mialou，2017），尤其是弱势群体能够使用、获得、触及正规金融服务（Sarma，2008），以实现金融服务可使用最大化，金融排斥最小化（Camara，2014）。另一些学者更强调普惠金融的“惠”，认为普惠金融应该没有价格和非价格障碍（Demirguc - Kunt，2008），为低收入弱势群体提供价格可负担（Rangarajan，2008）、质量合格（Claessens，2006）的金融服务。安信永国际（2009）从“普”和“惠”两个方面对普惠金融进行定义，指出普惠金融是为所有年龄段的人提供价格可承受的优质金融服务。

2016 年在杭州召开二十国集团领导人第十一次峰会，数字普惠金融成为重要议题，会议通过了《G20 数字普惠金融高级原则》，提出 8 项原则和 66 条建议，成为国际性数字普惠金融的共同纲领。该原则的首要内容是用数字技术推动普惠金融的发展。数字普惠金融是科技与金融融合发展的产物，包括传统金融移动化、数字化和新兴的互联网金融等金融科技，如传统金融的证券、信贷、储蓄、转账、支付、银行对账单的数字化，以及众筹、P2P 网贷、网上银行、移动支付、线上保险、电子货币等金融科技，增加了小微企业、低收入人群、农民等弱势群体获得金融服务的机会。从普惠金融的应用场景（见图 18 - 1）可知，由于互联网、人工智能、区块链、云计算、大数据等数字技术的发展，推动了金融设施的优化和风险管理、投资理财、借贷、支付等金融服务的数字化，数字普惠金融使得金融服务“成本低、速度快、覆盖广”，弥补了微型金融的不足，丰富了普惠金融的形式，是第四次工业革命的核心驱动力。

金融维度

项目	互联网	人工智能	区块链	云计算	大数据
支付	互联网支付	智能支付	数字钱包 跨境支付	云计算平台	点对点付款
借贷	P2P网贷	智能审批 智能贷款	智能合约	云计算平台	大数据征信
理财	互联网证券 互联网基金	智能投顾	区块链资 产证券化	云计算平台	量化投资
风险管理	互联网风控	智能风控	区块链风控	云计算平台	大数据风控
基础设施	互联网金融 信息服务	智能监管	分布式监管	云计算平台	大数据征信 大数据监管
其他	网络金融超市	智能营销	数字货币	云计算平台	大数据分析

科技维度

图 18－1　普惠金融应用场景

18.2 数字普惠金融的伦理基础——“非自利”人性假设

18.2.1　传统金融排斥的非正义性

根据西蒙·史密斯·库兹涅茨的收入与经济增长理论和 Greenwood 的内生增长模型，金融中介手中拥有高收益项目，但是投资者获得中介服务存在“财富门槛”，低收入人群没有能力支付中介服务费用，被排除在金融服务之外，产生“金融排斥”，“金融排斥”的后果是非正义的。

传统金融理论存在以下两个缺陷。一是古典经济学理论认为，市场机制调节信贷资金的供给与需求，决定均衡利率。但是由于风险定价水平、资金安全、信息不对称难题，低收入人群、小微企业等资金需求方向资金供给方借贷处于弱势地位。低收入人群、小微企业收入低，缺少信用资本积累，没有信用额度，信贷风险较高，而金融贷款存在政府利率限制，利率不能弥补风险，穷人被排除在金融服务之外。二是在发展中国家，金融资源是稀缺资源，政府把有限的金融资源优先配给大型基础设施和国有企业，中小企业和低收入人群不能获得金融服务，被排除在金融服务之外。

可见，只有富人才能在金融服务中受益，小微企业不能获得正规的金融服务，只能寻求高利贷等民间金融，这种金融排斥导致的收入分配不公和贫困，加剧了落后地区的经济衰退以及全社会的系统性风险。然而，富人被赋予的资源优势很大取决于幸运的家庭出身，体现财富积累的非正义，数字普惠金融的发展正是为了打破传统资源分配的非正义。

18.2.2 数字普惠金融的伦理基础——非自利人性假设

“经济人”假设将个人与社会割裂开来，是一种占有式个人主义，个人成为社会伦理价值规范的最终裁决者，认为个人自我利益与他人无关。然而社会是个体的交互性活动，如果每个人都是自利主义者，既得利益群体必然采取排他性行为扩大自己的利益，形成结构性的社会排斥和金融排斥。自利人假设使得每个人在追求个人利益最大化时会陷入“囚徒困境”，每个人都按照自身利益最大化行事，必然会损害自身利益。因为当每个人都无限制追求自身利益最大化而不顾及他人利益的时候，自身利益必然被他人损害，生存环境将会越来越差，每个人的生活、行为将远离正义。根据2017年乐施会报告，世界前八位富人的财富相当于占世界人口一半的、约36亿较贫困人口的财富总和。财富就像磁铁，富人握有最大的磁铁，穷人是没有磁铁的，即使穷人设法得到自己的小磁铁，也很难守住，富人的大磁铁有巨大的吸引力，富人的财富成为高耸的大山，而穷人的财富则平贴在地上，“经济人”假设不具有普惠性。

数字普惠金融站在“社会关系”的角度思考问题，是一种“非自利”人性假设。个人利益最大化必须通过相关者利益最大化来实现，每个市场参与个体在实现自我利益时要有道德感，自我尊重并表现出对他人的爱，这符合罗尔斯（2009）对人性的描述：理性和公正的，而不是利己主义者。罗尔斯的“非自利”人性假设根源于中国儒家思想的“集体主义”“诚信”“义利观”“天人合一”“和”。

“集体主义”是指彼此依存、相互团结，人的活动离不开社会关系，彼此交易和合作创造社会财富，离开了社会，个体将无法创造财富，离开了集体，个体将失去价值意义。“诚信”是指企业的价值取向、文明社会的根本要素，诚信是做人之本、道德修养之法。诚信是企业的道德规范、可信任度、履约能力，是克服利己主义的自律行为，是利他和利己的统一。诚信保证了市场交易的公平合理，诚信是无形资产、信用资本，能使企业获得超额回报。“义利观”是指公平合理，重视社会利益，先义后利。获利是企业的经营目标，持续的获利能力依靠向社会提供优质的产品、满意的售后服务、更多的纳税、员工就业、社会捐赠，良好的社会责任行为有利于提升企业的经营业绩。“天人合一”是指一种可持续发展的生态理念，倡导的是企业绿色经营行为，降低原材料消耗、安全生产、减少不可再生资源消耗、提高产品质量，绿色生产引导绿色消费需求，形成绿色市场，具有高回报。“和”是指和谐的社会关系，在生活中，理解、尊重、宽容别人。和谐是中国人追求的目标，包括员工之间的和谐（和谐的企业文化）、企业间的共同合作（和气生财）、企业与自然的和谐（绿色生产）。

数字普惠金融的金融脱媒及线上服务，减少了人力资源和营业网点等有形资源的消耗，是绿色金融。区块链金融的自信任机制解决了陌生人之间的不信任难题，金融交易更加和谐。互联网金融的信息定价机制赋予弱势群体筛选信息的权利，虚假信息披露者被排除在市场之外，诚信成为一种资本。金融科技的低成本、方便、快捷推动了数字普惠金融的发展。这些与儒家思想及罗尔斯的“非自利”人性假设相一致。

18.3 数字普惠金融的目标——平等、优先和效率

机会平等是数字普惠金融的核心目标。国务院印发的《推进普惠金融发展规划（2016—2020 年）》指出，普惠金融是为有金融服务需求的群体、阶层提供机会平等、成本可负担、商业可持续的有效、适当的金融服务。机会平等是数字普惠金融在社会正义层面追求的公平；成本可负担、商业可持续表达了经济行为市场效率的原则。

18.3.1 机会平等

机会平等理论认为，在社会经济关系中，人们有平等参与竞争的权力，每个人都站在同一起跑线上，而社会是根据竞争的结果进行权力和财

富的分配。

机会平等包括两个方面：一是平等参与竞争的机会；二是竞争胜利者被给予更多的回报，“按劳分配”。但是平等参与竞争是不完美的，因为参与竞争的成员的才能、天赋、权力、财富是有差别的，这导致在竞争的起跑线上就不平等。

机会分为非竞争性机会和竞争性机会。非竞争性机会是指市场参与者不需要竞争就能够获得的机会。竞争性机会是指市场参与者经过竞争才能获得的机会。资本、金钱、财富是稀缺资源，具有竞争性特征，金融资源是竞争性资源，拥有金融资源是竞争性机会。拥有金融资源的支配权，能够转化成特权和权力。这就导致了获得竞争性机会的不平等，在市场中拥有特权的参与者更具竞争优势，在竞争中更容易取胜。追根求源，一个人拥有更多的财富和权力，意味着他在前期获得了良好的教育，但是市场参与者受教育的机会并不平等，这取决于家庭出身的偶然性。家庭出身并不取决于个人的努力程度，一位金融世家出身、受过良好金融教育的市场参与者与一位农民相比，获得金融服务的机会明显是不平等的。即使竞争性的机会是平等的，但是竞争性的结果是分胜负的，胜利的一方掌握了金融资源的垄断权，于是机会平等被打破，这显然不是数字普惠金融的目的。

18.3.2 优先目标——温和的平等

考虑到机会平等的不完美，数字普惠金融进一步强调了金融服务的优先目标。国务院印发的《推进普惠金融发展规划（2016—2020 年)》指出，低收入人群、农民、小微企业、老人、残疾人、贫困人群等弱势群体是普惠金融重点扶持的对象。世界银行指出，普惠金融的核心是让所有人尤其是低收入人群、贫困人群等被排斥在金融服务之外的弱势群体享受平等的金融权利。联合国指出，普惠金融是全面、有效为社会各阶层（尤其是低收入、贫穷人群）提供服务的金融体系。这些普惠金融的文件和概念充分体现了弱势群体享受金融服务的优先权利。

优先目标的核心是在道义层面给予弱势群体更多的福利关照。这是一种正义的道德义务，与普惠金融的目的相一致。一是优先目标符合普惠金融的“非自利”人性假设伦理特征，非自利的人一般具有同情之心、仁爱之心和善良的人性特征，这是优先目标的伦理基础。二是在经济社会中，人们普遍具有正义感和善的道德能力，这与正当原则是一致的。在良序社会里，作为善和正义的道德基础，优先目标作为正义原则具有正当性。三是优先目标是区别于平等目标之外的又一道德原则。优先目标体现了对平等的偏爱，是对平等目标的有益补充，克服了金融资源分配中平等目标的缺陷，解决了平等目标因为竞争结果导致的不平等，是一种温和的平等。普惠金融的优先目标与公平正义的平等伦理是一致的。

18.3.3　优先目标与效率目标

数字普惠金融只有商业可持续，平等、优先目标才有意义。数字普惠金融的优先目标不可避免地带来转移支付，包容演化成排他，保护了一个群体的利益，而另一个群体的利益受侵害，可能损害效率，使得数字普惠金融不可持续。

在排他性的金融体系中，为了维持金融体系的稳定和可持续，财富的垄断表现出一种“支配性的善”，如果仅仅强调“普”，否定“善”（惠），财富垄断永远不能被打破，并形成更严重的对弱势群体的金融排斥。打破财富垄断产生的支配性地位，就要设置新的转换模式边界，认可但限制财富的垄断力。

数字普惠金融向弱势群体倾斜，保护弱势群体的利益所做的转移支付，从伦理层面看并不是对富人集团的打压和财富侵占，因为，从道德的高度看，富人掌握的巨额社会财富并不具有天然的公平正义。

优先目标体现的是差别对待，有利于解决自由市场中的效率问题，而差别对待具有“链式连接”效应，竞争带来了财富和金融资源的分配不平等，分配财富最少的人群如果能够通过优先和差异对待得到补偿利益，则更有利于财富的创造和社会财富的最大化，从道德的高度看优先目标是正义的，并有利于效率目标的实现。

优先目标调和了效率原则和公平目标之间的矛盾。如果财富分配不向最贫穷的人倾斜，最富有的人和最贫穷的人的财富差距将会无限扩大，链式连接势必断裂，优先目标维持了不同财富差异群体的链式连接，有利于财富创造的可持续，实现了效率目标。

18.4 商业银行数字普惠金融悖论

数字普惠金融是提高金融包容，以可负担的成本为小微企业、低收入人群提供有效、适当的金融服务，解决金融排斥问题。数字普惠金融可能存在目标偏移悖论（龚晓叶，2020）。

一方面，金融包容可能会偏离普惠目标，使得数字普惠金融不具有商业可持续性。在农村和偏远地区，基础设施落后，产业结构单一，人均收入低，金融服务提供者提供金融服务的成本较大、收益较小，很难盈利。在城镇地区，征信体系不够完善，有形抵押物不足，信息不对称程度高，资金需求者信贷违约风险较大，资金供给者信贷损失成本较高。另外，由于金融知识不足、资源配置效率低下、农村贷款“精英俘获”，金融服务包容性没有提高金融服务的普惠性（李建军，2019）。

另一方面，数字普惠金融受众无差别扩大，数字普惠金融可能成为转移支付的手段，金融机构承担了过多的隐性成本，成为成本承担者，金融消费者成为转移支付的受益者，使得数字普惠金融不可持续。

由于中国资本市场不发达，商业银行是主要的金融供给者，商业银行数字普惠金融风险定价机制不完善，成本收益不匹配程度高，数字普惠金融存在低收益、高成本、高风险特征，加剧了金融包容和商业可持续之间的悖论。

商业银行的数字普惠金融风险价格由风险溢价、运营成本、资金成本决定。在风险溢价方面，商业银行数字普惠金融服务对象是低收入人群、小微企业等弱势群体，收入水平低、有形抵押品少、还款能力不足、资信状况差、财务报表不规范、信息不对称程度高，有较高的风险溢价。

在运营成本方面，偏远地区、落后农村金融设施落后，商业银行数字普惠金融服务需要建设更多的物理网点，打通金融服务“最后一公里”，为降低交易成本，增加金融服务的普惠性，投入成本巨大。

在资金成本方面，虽然商业银行开展数字普惠金融业务，增加了客户和零售存款，资金来源多元化，但是，互联网金融的发展更适宜于低收入人群的投融资需求，对商业银行经营构成巨大冲击，存款规模大幅下降，资金成本增加。

通过以上分析，可见商业银行数字普惠金融存在包容性和可持续性悖论。商业银行在数字普惠金融发展中，包容性带来的资金多元化收益短期内并不能覆盖由此产生的成本，数字普惠金融成本承担较大，不具有可持续性。

18.5 金融科技与数字普惠金融的耦合

金融科技具有“去中心化”“去中介化”“定制化”特征，商业模式不断创新，具有普惠价值，主要表现在以下方面：

18.5.1　拓展金融服务覆盖面

金融科技拓展金融服务覆盖面。落后地区、农村更容易获得金融服务。金融科技借助互联网移动终端提供的金融服务，克服了传统金融物理网点限制，增加了客户流量，拓展了服务半径，延长了普惠范围。互联网技术的使用及智能手机的普及，使客户通过手机移动终端能够方便获得投资、融资、保险、支付等金融服务，云计算、大数据、人工智能等技术的发展，模糊了金融服务边界、空间和时间，在农村、偏远地区的长尾人群能够享受 7×24 小时的金融服务。基于区块链技术的金融科技能够进行点对点的金融支付，推动电商平台的发展，使客户的消费能力、支付能力突破地域和时间限制，增加了弱势群体金融服务的可得性。当前，互联网金融投融资门槛低，全体国民均可享受移动金融投融资服务，进行网络借贷、投资理财等，缓解了金融资源在城市发达，在偏远和农村地区落后，金融资源不平衡、不可得问题。

18.5.2 降低交易成本

传统金融机构偏爱贷款给大企业，因为大企业财务披露规范、有形抵押品多、信用等级高、违约风险低，降低了因为信息不对称带来的信贷评估成本，而小企业违约风险较大和交易成本较高，被排斥在金融服务之外。金融科技通过大数据、人工智能、云计算技术，自动收集、整理、分析客户消费、社交、交易数据，能够评价客户信用水平，对客户进行精准分类，减少信贷坏账损失。区块链技术的自信任、防篡改、共享机制，能够实时记录、验证网络节点上的数据，进行客户信息跟踪，降低了信息不对称，消减了信息验证成本。第三方支付代替大量客户与金融机构进行二次结算，高效运营，具有规模效应，降低了清算的边际成本。区块链、互联网、人工智能、可视化分析等技术的发展使金融服务实现了去中心化、去中介化，降低了金融服务的运营成本，自动化的金融风险分析、识别、测度、预警降低了金融机构的风险损失。

18.5.3 提高金融效率

优化业务流程，提高服务效率。互联网、大数据技术提高了金融科技甄别、处理、整合、分析数据的能力，将隐含信息显性化、分散信息聚集化、私人信息公开化，提高了证券市场价格的可预测性，表现出有效市场假说特征，市场定价效率较高。互联网金融业务处理标准化、专业化程度较高，低成本、方便快捷，为客户提供支付、清算、理财等金融服务。区块链技术建立的分布式账簿把信息自动记录、储存在网络分布式节点上，处理流程高效透明，金融后端业务流程缩短（李明贤，2020）。

金融科技线上服务功能在本次新冠疫情中表现出色。疫情发生后，小微企业和商业银行面对面交易的线下金融服务受阻。因为居家隔离，签约、大额现金提取、信贷资金审批等都不能在柜面进行，金融科技“去中心化”的线上服务方便快捷，快速授信、快速审批，优化了金融服务流程，提高了金融服务质量和效率。

18.5.4 可持续

普惠金融资金供求存在悖论。资金的需求方，如小微企业等借款人，要求资金供给方提供的信贷资金成本最低，而资金的供给方，如投资者或者存款人，则要求提供的资金利率最高，以获得更高的投资收益。制度学派认为，金融服务应该以盈利为目的，但不具有普惠性。福利学派认为，金融服务应该以更低的价格提供给弱势群体，但不具有可持续性。

金融科技的金融脱媒、低门槛，增加了资金端和资产端的供给范围和规模（杨东，2018），优化了资源配置，刺激了消费需求，促进了经济增长和低收入人群、农民等弱势群体收入水平的提高，具有普惠性。互联网、大数据、云计算、区块链、人工智能等技术在金融领域的应用，使得金融数据处理海量化、业务流程标准化、金融服务自动化，很大降低金融服务的运营成本，从而以更低的价格提供金融服务，解决了资金供求悖论，也解决了福利学派和制度学派的争论，金融服务具有普惠性和可持续性。

18. 6 结论

数字普惠金融发展经历了微型金融→普惠金融→数字普惠金融。微型金融符合弱势群体资金需要量小的特点，普惠金融强调了金融服务的包容性，21 世纪普惠金融形成全球共识，各国纷纷进行顶层设计。2016 年二十国集团领导人杭州峰会发布《G20 数字普惠金融高级原则》，是金融科技发展到一定阶段的产物，数字普惠金融具有“成本低、速度快、覆盖广”的特点，使长尾人群中的每一个人都能获得合格的金融服务，有利于实现金融服务普惠和可持续。

数字普惠金融的伦理基础是“非自利”人性假设。传统金融将穷人、小微企业排除在金融服务之外，“金融排斥”的后果是非正义的。“经济人”假设是一种“自利”人性假设，是占有式个人主义，对个人利益的追求会步入“囚徒困境”，损害自身利益，并造成财富两极分化，富人更富、穷人更穷，失去了道德的制高点。“非自利”人性假设把人性描绘成理性和公正的，每个市场参与个体在实现自我利益时要有道德感，自我尊重并表现出对他人的爱。罗尔斯的“非自利”人性假设根源于中国儒家思想的

"集体主义""诚信""和""义利观""天人合一"，站在了道德的制高点。数字普惠金融的目标是平等、优先和效率。因为机会平等的不完美，必须优先考虑弱势群体的金融服务需求，差异对待具有"链式连接"效应，有利缩小了贫富差距，增加金融服务的普惠和效率（可持续）。

商业银行因为物理网点铺设等运营成本、资金成本、风险溢价较高，存在普惠金融目标偏移悖论。金融科技具有去中心化、去中介化、定制化特征，金融服务覆盖广、交易成本低、金融效率高、可持续，与数字普惠金融耦合，使得穷人、小微企业获得金融服务的机会均等，具有普惠和可持续性。

第19章

数字普惠金融促进共同富裕分析

19.1 数字普惠金融促进共同富裕综述

中国共产党二十大报告指出，“共同富裕是中国特色社会主义的本质要求”，并提出“着力维护和促进社会公平正义”，实现全体人民共同富裕的中国式现代化奋斗目标。数字普惠金融是使用现代化数字技术促进资金融通，投融资门槛较低，更偏好低收入人群，是低收入人群创业、增收、减贫的重要手段，促进共同富裕。该议题激起学者的研究兴趣。

19.1.1 共同富裕内涵和路径

（1）共同富裕的内涵

“共同富裕是全体人民共同富裕，是人民群众物质生活和精神生活都富裕，不是少数人的富裕，也不是整齐划一的平均主义。”（习近平，2021）。共同富裕是发展与共享的统一，发展是共同富裕的前提，共享是共同富裕的核心（郁建兴，2021），富裕是社会最底层人群都能达到最低标准的富裕（李实，2022）。共同富裕要做到收入分配公平，发展和基本公共服务机会均等（张来明，2021）。共同富裕的政治内涵是国家强盛的社会契约，经济内涵是共享日益丰富的物质财富和精神财富，社会内涵是中等收入人群在数量上占主体地位（刘培林，2021）。

（2）共同富裕实现路径

实现共同富裕要始终坚持中国共产党的领导核心，持续推进收入分配制度改革，提高“相对贫困”治理能力（陈燕，2021）。建立协调发展机制（罗明忠，2022），通过基本制度安排，先富带动后富，培育内生动力（薛宝贵，2020）。着力保障稳定脱贫，强化就业优先政策，构建高质量教育体系和社会保障体系（蒋永穆，2021），实施区域协同发展战略和城乡融合发展战略（韩文龙，2018），壮大中等收入群体，缩小城乡差距，使基本公共服务均等化（刘培林，2021；李实，2021）。

19.1.2 数字普惠金融的普惠特征

一是数字普惠金融运用数字技术增强了金融服务的触达性，农村通过移动终端获得金融服务，不受时空限制（石宗辉，2022）。二是降低了金融服务的成本（Philippon，2019）。在数字经济时代，客户的关注成本大大降低，尾部客户数量庞大，产生的规模效益超过头部企业，弱势群体融资成本较低（Hasan et al.，2020），数字金融具有普惠性和可持续性（潘锡泉，2020）。三是增强风控能力（Chiu and Koeppl，2019）。互联网、大数据、云计算、人工智能等现代数字技术优化了信息收集、甄别、处理的方式，提高了信息处理的效率，降低长尾人群的信息不对称（Vives，2019），有利于信用评价，金融门槛由按照地区和收入人群划分改为按照风险和信用级别划分，缓解了农村地区获得金融服务的不平等（Donald，2020）。

19.1.3 数字普惠金融促进共同富裕

数字普惠金融增加金融供给规模和范围，缓解流动性约束，促进居民消费增长（郭峰，2016），数字普惠金融的金融脱媒（Armendariz，2005）催生电子商务、线下与线上相结合（O2O）的创业机会（Mollick，2014）。数字普惠金融通过增加信贷可得性、提升居民收入、缩小收入差距（周利，2021），发挥创业激励效应、收入增长效应、机械化普及效应，提升居民创业活跃度，促进乡村振兴（王敏，2023），具有减贫效应（周利，2021），推进共同富裕（张金林，2022）。但是，农村地区、金融市场参与度低、偿债能力差的家庭存在马太效应，削弱数字普惠金融促进共同富裕的作用。

上述研究以实证研究为主，数字普惠金融促进共同富裕的定性研究较少。本书对数字普惠金融促进共同富裕进行理论和机制分析，并提出治理对策。

19.2 传统金融不利于实现共同富裕

19.2.1　传统金融抑制与收入不平等的微观视角分析

就个人来说，取得收入有两个来源，一是拥有资本获得资本收益，二是通过人力资本获得工资。然而，信贷市场不完美导致人力资本积累的差异，财富（资本）的差距扩大收入差距，进入财富贫困陷阱。美国从工业革命初期到 20 世纪 50 年代，随着工业革命和科技发展，财富增长模式逐渐由劳力驱动型转变成资本驱动型，产品成本的资本构成比重由 5% 增长到 90%（Demirg - kunt，2009），员工没有资本所有权，仅取得固定工资，无权从高利润分享资本收益，社会分配不公导致贫富严重两极分化。第一，信贷市场不完美导致人力资本积累差异。在一个完美的信贷市场，如果父母不富有，没有足够的财富获得教育，可以通过信贷资助教育，人力资本是个人能力的函数，有能力的人可以获得好的教育，教育资源得到有效配置，初始的代际财富差距不会持续。但是，在现实世界中，信贷市场是不完美的，并不是所有贫穷的人都能获得教育贷款，父辈是否有财富决定了自己受教育的权利，个人潜在能力强并不能导致更大的人力资本积累，父母财富不平等→教育不平等→机会不平等，金融可得性是抑制不平等的重要机制。第二，财富（资本）差距扩大收入差距。一方面，没有财富就没有资本收益，在雇佣劳动下，除了固定薪酬外，不能获得企业利润增长的资本增值收益。另一方面，资本差距导致了资本收益率差距，高回报投资有最低资本限制，财富多的人可以获得高回报率，资产边际收益率大于零导致永久不平等，财富差距进一步放大，并扩大收入差距，即传统金融抑制→资本收益率差异→财富差距→收入差距。第三，财富贫困陷阱。财富贫困是指一个人或者家庭的财富资源不能满足其“基本需要”，财富贫困的人不能进行投资实现财富积累，他们有限的储蓄会成为有钱人（财富富裕）投资的资金来源，传统金融的这种资金需求与供给机制导致贫穷会成为贫穷的原因，加剧财富贫困陷阱。另外，财富贫困存在制度排斥，穷人并不能享受遗产税、退休金、房产税等福利，只有富人才能从财产税收优惠中获益。

19.2.2 传统金融化与收入不平等的宏观视角分析

金融化是指金融机构、金融市场、金融动机和金融参与者在经济运行中的作用变大的过程（Epstein，2005），金融过度发展，超过了适度区间。20 世纪七八十年代全球金融化快速发展，金融资产和金融负债急剧扩大，2004 年全球金融资产规模为 200 亿美元，到 2020 年末高达 468.7 亿美元，增长了 134%（金融稳定理事会，2021）。根据国际金融协会数据，全球债务 2000 年为 84.4 万亿美元，到 2021 年为 296 亿美元，增长了 251%。过度金融化导致收入分配不平等。第一，金融化发展导致收入分配不公。劳动收入急剧下降和食利性收入快速攀升，金融业利润和工资大幅提高。在金融业工资方面，20 世纪二三十年代，美国金融业超额工资高于基准工资 40%，到 2005 年达 51%（Philippon，2012），到 2023 年金融业从业人员年薪均值为 10 万美元，金融业是最高薪酬行业之一（根据美国劳工统计局数据）。第二，劳动收入份额下降。在国民经济收入分配中，资本和劳动在社会中的权利决定资本报酬和劳动报酬所占份额，《资本论》指出资本在社会分配中占主导地位，资本收入份额占比上升，劳动收入份额占比下降，打破了各生产要素收入份额稳定的“卡尔多事实”（Lutz，1961）。1970—2008 年，全球化、技术变革、金融化使劳动收入份额下降 50%（Tomaskovic - Devey，2013），金融业高利润、高工资转移了国民收入，食利性收入上升挤占了劳动收入。

19.3 数字普惠金融作用与共同富裕的耦合

“共同富裕是全体人民共同富裕，是人民群众物质生活和精神生活都富裕，不是少数人的富裕，也不是整齐划一的平均主义。”一是共建，保障人民平等参与、机会均等、平等发展的权利，让每个人发展自我，创新创业，激发各类市场主体活力，促进公平和效率统一，实现经济发展和共同富裕；二是共享，共享不是平均主义，也不是“劫富济贫”，是一种合理的有差别的富裕，消除绝对贫困，保障最底层人群能够达到最低富裕标准，完善收入分配制度，缩小收入差距、城乡差距、地区差距，增强人民群众的获得感，共享经济发展成果。

数字普惠金融由 2016 年杭州二十国集团领导人峰会在《G20 数字普惠金融高级原则》提出，“数字普惠金融”的含义是指使用大数据、云计算、人工智能、区块链、互联网等科技，降低金融服务的门槛和成本，扩大服务的半径，改善服务体验，提高服务效率，满足居民金融需求，使农村和偏远地区可获得、可负担、可持续的数字金融产品和服务。数字普惠金融的特点是金融服务“成本低、速度快、覆盖广”，数字普惠金融的核心是“普”和“惠”。“普”是指数字普惠金融增加资产端和资金端的供给规模和范围，运用信息技术和大数据分析使得小微企业等长尾人群的信用可评价，农村和偏远地区人群均可获得金融服务。与“共同富裕”的“共同”相一致。“惠”是指数字普惠金融去中心化，运营成本较低，金融服务效率较高，缓解了信息不对称，降低了长尾人群的融资成本和融资风险，增加了长尾人群的金融可得性和体验感，缓解融资约束，缩小城乡收入差距（宋晓玲，2017），改善收入分配状况（梁榜，2021），具有减贫效应（黄倩，2019），与“共同富裕”的“富裕”相一致（张金林，2022）。

19.4
数字普惠金融促进共同富裕

19.4.1 数字普惠金融促进总体富裕分析

马克思指出，生产力是发展共同富裕的经济基础。从自然生产力的角度看，数字普惠金融促进数字生产要素的发展，创新物质生产力。从劳动生产力角度看，数字普惠金融的绿色金融属性和信息发现属性使长尾人群能够得到更多的金融服务，改善了长尾人群的教育不平等，提高长尾人群的人力资源水平，提升生产要素的使用效率，促进了物质生产力的发展。从精神生产力的角度，在微观企业层面，数字普惠金融发展激发了企业家精神。数字普惠金融的金融属性为企业家提供低成本、低风险的金融资源，增强了企业家创新的风险偏好。数字普惠金融的数字属性拓展了企业家关系网络，增强企业家获取政府行政和法律资源（取得经营许可）、生产和经营资源（取得生产要素和营销渠道）、精神和文化资源（形成企业家精神）的能力，增强企业家精神在企业文化中的凝聚力，并形成精神生产力。在政府层面，根据数字普惠金融的金融属性，完善数字金融基础设施，提升政府服务的信息化程度，改善政务服务的效率，增加民众的满意度和幸福指数。数字普惠金融的数字属性推动政府人才培养体系的转换，提升了政府对稀缺人才的针对性培养能力，促进精神生产力发展。

19.4.2 数字普惠金融促进共同富裕的共建分析

共同富裕的共建，就是激发各类市场主体活力，平等发展，创新创业。数字普惠金融扩大了资产端和资金端的供给规模和范围，缓解了民营企业融资约束，促进民营经济发展。根据国家统计局数据，民营企业多是小微企业，占企业总数的90%，贡献全国 GDP 的60%。在社会主义初级阶段，民营企业从行业分布和体量上在社会经济发展中发挥巨大作用，民营企业具有灵活性，活跃了市场经济，提高社会生产力，增加社会财富积累，把共同富裕财富的“蛋糕”做大。数字金融是贫困家庭等低收入人群均可使用的金融工具（投融资门槛低），增加了低收入人群的投融资机会，促进财富积累。低收入人群受教育程度不高，专业技术水平较低，创富能力有限。他们主要分布在农村和中西部落后地区，现代农业不发达，周边二三产业落后，缺少就业机会和收入来源，收入水平低。发展数字普惠金融，可以给予穷人更多的就业创业机会，使穷人的劳动报酬增长率高于资本收益增长率，增加穷人财富，缩小贫富差距。

19.4.3 数字普惠金融促进共同富裕的共享分析

数字普惠金融促进共同富裕存在人群差异、城乡差异和地区差异。在人群差异方面，在数字普惠金融发展初期，其在数字化技能程度高和数字化意识强的高收入群体中作用较大，成为“先吃螃蟹的人”，“先吃螃蟹的人”具有示范效应，低收入人群通过学习和模仿，利用数字普惠金融工具进行投融资，创新创业，数字普惠金融由“数字鸿沟”障碍转向“数字红利”效应。在城乡差异方面，在数字普惠金融发展初期，城市居民率先使用数字普惠金融进行创新创业，随着创新的外溢效应以及数字普惠金融的发展，数字普惠金融在农村发挥更大的投融资聚集作用，增加了农村创新创业资金供给。在地区差异方面，东部沿海地区市场化程度高，金融资源和人力资源丰富，资源配置能力强，数字金融作为一种新兴产业，在东部沿海地区发展较快，数字金融资源不断聚集生产能力和生产要素，产生虹吸效应和马太效应。在政府的推动下，东部地区和西部地区进行产学研合作，数字普惠金融促进创新创业地区的马太效应转变成涓滴效应，促进西部地区经济发展。

19.5 数字普惠金融促进共同富裕的作用机制

19.5.1 数字普惠金融增加低收入人群收入

数字普惠金融降低了金融服务的成本，扩大了金融服务的范围，缓解了长尾人群的融资约束，为低收入人群创新创业提供资金支持，增加低收入人群的经营性收入。一是信息技术和大数据技术的应用能够对低收入人群进行信用评价，使缺少抵押品的低收入人群能够通过数字普惠金融获得融资，进行创新创业投资。二是数字普惠金融平台能够通过数字技术促进信贷资源公平分配，减少机会不平等，数字平台使用数字技术丰富创新创业资源，激励创业行为，降低创业成本。数字普惠金融增加了低收入人群的经营性收入。

数字普惠金融拓展了居民投资渠道，为居民提供多样化理财产品。数字普惠金融不断创新金融产品、金融服务和金融模式，满足低收入人群的投资需要，如余额宝等互联网理财产品使用大数据技术对用户精准画像，为用户提供保险、基金等理财产品，分担了居民重大疾病等突发事件的风险，数字货币基金相较于传统金融投资收益率更高，增加居民财产性收入。

数字普惠金融增加对小微企业的融资供给，创造更多就业岗位。小微企业信贷风险较大，存在金融排斥和融资约束，创业风险较大，破产概率较高。数字普惠金融增加小微企业融资可得性，金融脱媒降低了融资成本，信贷审批速度较快，融资效率较高，降低了小微企业资金链断裂风险，促进了小微企业发展，增加居民就业机会，提高了居民工资性收入。

19.5.2 数字普惠金融的减贫效应

首先，数字普惠金融精准减贫。农村减贫的审核关节点是村干部，科层式、垂直化逐级填报，农户缺少标准化硬信息，软信息难以量化，基础信息结构化失衡，村干部减贫措施缺乏评价标准，导致普惠金融资源“私下寻租”“使命飘移”“精英俘获”“跑冒滴漏”，受益对象并非贫弱群体。农户数据信息阻遏引发信息不对称，导致扶贫代理成本较大，普惠金融资源配置扭曲。穿透信息壁垒，打通信息孤岛，能够改善金融扶贫的信息识别和绩效评价的精准性。互联网、智能手机的普及使网络行为数据丰富多样，农户在电商平台、市政服务、通信移动服务、生活缴费中均留下数字足迹，数字普惠金融通过互联网、大数据、人工智能、区块链等金融科技搜寻、加工、分析农户交易数据，把软信息硬化，精准画像，增加扶贫的精准性。同时，扶贫信息上链（区块链）增加扶贫信息的可追溯、防篡改，共享机制有利于参与各方（如广大农户）信息共享、平行监督，增加金融扶贫的公允性，促进社会和谐。

其次，数字普惠金融的“造血”功能。政策性金融扶贫由于农村传统金融基础设施薄弱、营业网点较少、农户分散，其扶贫成本较高、受益对象有限，不具有可持续性。金融扶贫的目的不是政策性金融的“输血”式扶贫，而是建立“造血”机制，引导社会资源投入。政府推动数字普惠金融扶贫，给予数字金融平台一定的财政补贴及税收优惠，增强数字普惠金融扶贫的积极性，发挥数字普惠金融服务成本低、覆盖面广、信息透明度高的优势，增加数字普惠金融的覆盖面，通过数字普惠金融的资源效应和信息效应增加数字普惠金融扶贫的“造血”功能，降低金融扶贫成本和减贫收益的非均衡。

最后，数字普惠金融的可得性。生计资本主要是金融资本，代表着农户获取、利用社会资源的能力，家庭生计资本表现出非均衡性和脆弱性，生计资本缺乏导致农户贫困。发展数字普惠金融能够增加贫困农户金融资本的可获得性，改善贫困家庭的生计困难，提高生计质量，降低贫困农户家庭生计的脆弱性，提升其获取社会资源和要素的能力。农村地区信息闭塞，经济发展水平低，经济内生性增长动力不足，金融资源匮乏，金融浅化，移动支付、手机银行增加贫困人口金融服务的触达性，数字普惠金融的金融科技属性能够穿透时空，精准为贫困人群进行个性化配置，促进资本带动更多的生产要素，实现贫困减缓。

19.5.3　数字普惠金融缩小城乡收入差距

第一，数字普惠金融通过缩小城乡金融服务差距降低城乡收入差距。一是降低门槛效应。农村地区和城市相比，收入低、缺少抵押品、贷款风险较大，无法满足传统金融服务的条件，产生“门槛”障碍，因此，城乡地区收入差异引发传统金融服务差异，进一步拉大了城乡居民收入差距，普惠金融低门槛使农村居民也能获得数字金融服务，减弱了金融服务的门槛障碍。二是缓解排斥效应。农村地区提供传统金融服务需要较多的营业网点，因为成本利润原因，农村基础设施薄弱，营业网点较少，存在金融排斥。在市场竞争条件下，因为城乡贷款风险差异、可抵押品差异、交易成本差异、附加值差异，资本要素向城市聚集，在马太效应作用下，劳动力要素也向城市聚集，农村资本外流，城乡收入差距拉大（宋晓玲，2017）。数字普惠金融突破了时空限制，扩大数字金融供给，缓解了金融排斥效应和门槛效应，有利于农村创新创业。数字普惠金融的数字技术降低了农民创新创业的扩张成本、渠道成本、管理成本、人力成本，增加创利空间，缩小城乡差距。

第二，数字普惠金融通过城乡要素融合缩小城乡收入差距。城乡要素流通不畅是城乡二元结构的关键。在工业化发展中，农业生产效率低于工业，导致农业生产要素向城市聚集，促进了城市的发展，而农村生产要素缺乏，生产效率落后，城乡差距不断扩大。数字普惠金融发展改变了城乡生产要素流动的方向：从单向流动到双向流动。随着工业化的提升，城市土地、劳动力要素价格不断升高，由于农村互联网基础设施的完善推动数字金融的发展，增加了交易结算的便利性，激发了城市企业投资农业发展的积极性，引导城市资本和人力资源流向农村目标产业，为农业生产和农村企业提供生产所需的资源要素，促进农村产业发展，并产生更多的就业机会和利润空间，吸引高学历人才、农民工、城市居民到农村创业。大量的农业产品销往城市，促进了城市农村产业的双向生产联系，以及城乡经济融合，推动了新型农业经济主体和新型职业农民的产生，农村消费、医疗、教育、交通服务也得到快速发展，提升农村的现代化水平。

19.5.4 数字普惠金融促进经济包容性增长

包容性增长理念强调经济增长要惠及所有民众，弱势群体能公平参与市场、作出贡献和分享成果，即机会均等的增长、益贫式增长。数字普惠金融促进经济包容性增长表现出金融效应和科技效应。

第一，数字普惠金融的金融效应。数字普惠金融是科技公司从事金融活动，具有金融和科技双重属性，通过提供金融服务帮助农民、小微企业等弱势群体获得创业机会，实现益贫式增长（普惠式增长）。一是包容性金融。数字普惠金融提高信息的获取能力，降低了信息的获取成本，促进农村金融包容性发展。在数字经济时代，高速宽带基础设施在农村的发展提高了农村家庭获取信息的能力，信息环境的改善促进了农村移动金融的发展，推动农村地区数字金融的发展，实现了包容性金融。如数字化的金融服务使农民方便、快捷获得储蓄、贷款、支付和保险，传统金融也能使用数字化技术精准了解农民需求，提高金融服务的响应速度，农民使用网上银行就能转账、汇款、购买理财产品。二是包容性金融效应。数字金融的普惠性帮助农民获得均等创业的机会。根据资源分配理论，依托金融科技，数字普惠金融盘活游离在传统银行之外的金融资源，如过去无人问津的小众金融业务金融市场、个人对企业（P2B）微金融服务模式，数字普惠金融拓展了农民的融资渠道，帮助其获得均等创业的机会，增强了农民创新创业的能力，降低低收入人群的生计脆弱性，保障穷人经济安全，具有金融服务的公平性。

第二，数字普惠金融的科技效应。数字普惠金融是科技与金融融合的产物，本质上是科技公司，通过提供数字技术帮助农民等长尾人群获得创业机会。一是缩短空间隔离。农民等低收入人群一般居住在偏远地区，地理位置较为分散，交通设施落后，空间隔离使农民等低收入人群难以融入主流市场，降低了农产品、手工艺产品价值，电商平台缩短这种空间隔离，促成农民等长尾人群进入主流市场交易（购买或销售），创建了许多“淘宝村”。二是减少信息隔离。信息隔离是农民等低收入人群与主流市场参与者（商品供给者、消费者）之间的信息不对称。信息隔离导致低收入人群提供的商品不被主流市场认可，降低了低收入人群商品的市场竞争力，数字技术帮助低收入人群获得主流市场信息，减少信息隔离，促进包容性创业。三是增加规模经济性。农民生产的农产品和手工艺品属于小规模的分散生产，具有季节性，受时间和地域限制，销售范围有限，不能形成规模经济。电子商务把农民产品聚集和销售到世界各地，形成规模经济。

数字普惠金融的金融效应和科技效应为农民提供均等的创业机会，增加了农民收入，推进经济包容性增长。在落后地区数字普惠金融发展更快，家庭收入增长更为明显；在低社会资本家庭、低城镇化率的省份和农村地区，数字普惠金融的增收效应更强。

19.5.5　数字普惠金融提升了社会大众的幸福感

根据伊斯特林悖论（Easterlin Paradox），居民幸福感和财富积累无关（Easterlin，1974）。数字金融提升金融服务公平、消费需求、居民应对突发事件能力、基层民主治理水平，增强居民幸福感。

第一，数字金融服务更加公平，增强了居民幸福感。传统金融服务的主要目标客户是精英群体，普通居民存在金融排斥。数字金融使用数字技术拓展金融服务范围和规模，增强了金融产品和金融服务的包容力，为庞大客户群提供近乎零成本的金融服务，在规模经济作用下获得高额利润，客户通过移动终端获得便捷的金融服务，感受到公平感和幸福感。

第二，数字金融改善居民消费水平，增强居民幸福感。根据马斯洛需求层次理论，个人在满足基本生活需要后才能实现精神需要。数字金融催生电商平台、物流运输和消费金融的发展，农村和山区居民在线上就能查询电商商品信息，购买自己所需要的商品，同时还能把自己的农产品和手工艺品销往世界各地，极大程度地改变了偏远地区的消费约束，释放了长期被压抑的消费意愿。电商平台的发展增强了农村居民消费水平的质量和档次，增强农民的幸福感。

第三，数字金融缓解精神压力，增强居民幸福感。根据资源保存理论，如果个人资源较少，应对重大疾病等突发事件的能力不足，会形成精神压力，互联网保险和数字金融平台能够及时提供金融服务，解决应对突发事件的担忧。互联网保险与传统保险相比，理赔速度快，单笔保费低，投保理赔线上完成，时间成本低，效率高，增强了个人应对突发事件的能力，改善精神状况。数字金融平台 ESG（环境、社会和治理）金融为长尾人群提供零利率贷款，增强了个人财务弹性，缓解了个人在突发事件到来时没钱的焦虑，根据资源保存理论，个人财务弹性增强了美好生活的心理认知，从而获得幸福感。

第四，数字金融提升乡村基层民主治理能力，增强村民幸福感。数字金融增强了民众参与乡村治理的手段，数字共享促进了财务、村务公开平台的建立，村民可以实时查看村务公开数据，并能够通过手机银行记录进行账务核对，有利于实现村务自治和财务透明。数字金融的交易数据有利于形成信用信息和信用数据，成为乡村治理的重要数字资源，“文明做担保，诚信做抵押”的道德金融 ESG 促进了金融服务低碳化，民众随时可以进入乡村金融信用平台查看自己的信用记录和信用额度，金融服务的自我管理增强了人民当家做主的幸福感。

19.6 数字普惠金融存在“数字鸿沟”问题

农村数字普惠金融存在数字基础设施建设“信息鸿沟”、城乡金融教育水平差距鸿沟（“教育鸿沟”）和金融生态环境建设鸿沟（“生态鸿沟”），“三重鸿沟”抑制了农村数字普惠金融发展，形成“数字鸿沟”。

第一，基础设施建设的“信息鸿沟”。一是农村的数字基础设施建设与城市相比较为落后。农村4G网络基础设施建设在2015年后才开始，而城市2015年就实现了全覆盖（星焱，2021），根据新浪财经，到2021年底，中国5G基站有142.5万个，用户有3.55亿户，在乡镇还没有5G基站。二是农村地区信息服务质量低。根据工信部数据，到2019年农村行政村4G覆盖率为98%，但是村中4G信号覆盖效果差，网速较慢，部分农村还没有4G信号。三是农村个人终端设备覆盖率低。根据中国互联网信息中心数据，城镇网民为6.3亿人，占城镇人口的74%，农村网民为2.3亿人，占农村人口的40%，农村网民占比较低。根据中国家庭金融调查数据，到2019年城市智能手机覆盖率超过90%，农村仅为40%，越是偏远农村，智能手机等个人终端设备覆盖率越低。

第二，城乡居民金融素养差距的“教育鸿沟”。数字普惠金融的普及需要有相应的金融教育和金融知识宣传，互联网投资理财和电子商务需要一定的金融知识水平。但是农村居民受教育程度、受教育水平、教育体系建设（相对城市）较低。一是农村居民受教育程度较低。根据国家统计局数据，2021年农民工初中文化程度占比为56%，妇女和老人学历更低，城市居民受教育程度远高于农民工，北京市大专以上学历占比为50%。二是中国九年义务教育内容很少涉及金融知识，上海等城市金融知识已经纳入教育内容。农村数字普惠金融宣传仅仅是悬挂条幅，流于形式，如反假币宣传，防诈骗宣传。三是农民金融素养低。根据《中国投资者教育现状调查报告（2019）》，城市金融投资者金融素养分值为2.9分，农村金融投资者仅为2.4分，证券市场参与者金融风险抵御、养老规划、投资组合都需要较高的金融素养。

第三，农村的金融“生态鸿沟”。一是农村数字普惠金融发展的金融生态环境较差。金融生态环境包括金融市场体系、社会征信建设、市场经济发展、金融生态文化、法律环境等。因为城市金融生态较好，人力资源和金融资源由农村向城市流动，根据Wind数据库，2010—2018年，农村企业金融贷款新增额占新增贷款总额比重由20%下降到10%，2010—2019年，人口城镇化率由50%增加到61%，城市农民工人数由2.4亿人增加到2.9亿人。在金融基础设施方面，根据中国人民银行金融信用信息基础数据库，2019 年末，征信覆盖自然人超过 10 亿人，企业数量为2 600家，没有纳入征信体系的4 亿人绝大多数分布在农村，农村征信体系不完善，抑制传统金融和数字普惠金融在农村的发展，部分第三方服务供应商和金融机构自行采集和估算的农户征信数据，因为信息壁垒不能信息共享，成为信息孤岛。

“三重鸿沟”形成“数字鸿沟”，限制了农村居民对创业信息和创业机会的获取能力，创业资金、社会资本、风险偏好是创新创业的重要因素，农村居民因资本禀赋差异产生的“数字鸿沟”，导致丧失创业资源和创业机会。数字识别和利用能力是农民减贫的关键因素，“数字鸿沟”抑制了农村经济发展，农村劳动力成为“数字无产者”，依附于数字化产业链，从事低技能高强度劳动，薪酬水平较低，失业风险较高，城市拥有数字资产的高技能工人则能享受“数字红利”，加大贫富差距。“数字鸿沟”导致“经济鸿沟”。

19.7 解决“数字鸿沟”的对策

19.7.1 完善数字普惠金融基础设施建设

根据互联网中心数据，西南省份互联网基础设施落后，尤其是农村和偏远地区互联网基础设施较差，光缆不能触达，通信设备陈旧。2023 年中央一号文件要求：加快建设农业强国，全面推进乡村振兴，加快推进网络基础设施建设。《数字乡村发展战略纲要》要求：2019—2020 年是数字乡村建设初步发展阶段，2021—2025 年是数字乡村建设重要发展阶段，2026—2035 年是数字乡村建设长足发展阶段，2036—2050 年全面建成数字乡村。数字乡村建设需要较长的过程，第一阶段在“十三五”规划已经收官，“互联网 + 政务服务”步入乡村，乡村互联网普及率得到初步改善。“十四五”是数字乡村建设第二阶段，数字乡村建设进一步加快。数字普惠金融不是农业信息化的延伸，不是数字技术的简单叠加，是一个数字物理系统，是“数字世界”和“物理世界”的融合。一要加大财政资金投入，加快推进基础设施建设，增加通信基础设施建设投入，加大对网络信息供给者和服务者的财政补贴、税收优惠、费用减免，提升数字信息建设动力，解决参与主体利润最大化导致的“市场失灵”问题。二要加快传统金融数字普惠金融研发，建设与当前农村数字信息建设（落后）相适宜的配套数字金融服务系统。采用新能源材料降低数字金融施工成本和施工难度，设计“傻瓜式”金融服务程序，如移动 Wi－Fi 设备，通电即可使用，增强数字普惠金融的适用范围。三要加大政策性金融建设，借鉴“家电下乡”经验，通过政策扶持推进“数字设备下乡”，扩大农村和偏远地区数字终端的普及率。

19.7.2　加大数字普惠金融宣传教育

推动科技与金融融合，创新数字普惠金融产品，满足农村、偏远地区居民差异化的数字普惠金融需求，缩小农村、偏远地区数字普惠金融发展的“数字鸿沟”不仅是数字供给建设问题，也需要数字普惠金融需求者的参与。但是农村和偏远地区居民因为教育水平差异，产生金融素养差异，不会使用数字普惠金融工具，导致数字普惠金融自我排斥，所以需要加强数字普惠金融宣传和教育，提升农村和偏远地区居民的金融素养，增强数字普惠金融工具的使用能力。一是政府要增加农村和偏远地区教育投入，给予服务农村和偏远地区的人才更优厚的待遇，引导优秀教育人才向农村和偏远地区流动，增加农村和偏远地区的教育人才供给。二是在九年义务教育中增加数字技术的教育，当前教育应该从为工业化生产的教育服务转向为数字技术使用的教育服务，儿童是我们最珍贵的脑矿，数字技术教育尤为重要。数字金融是数字技术的主要应用，义务教育应增加数字金融诈骗案例、投资理财常识、数字货币应用知识的内容，就像小学教材中设置“国库券利息免征所得税”的内容一样，深深印在每个小学生的脑海中。2023 年农民工监测调查报告显示，农民工初中文化程度占比为 52.1%。现状说明加大数字普惠金融义务教育的必要性。三是增加数字普惠金融教育宣传。当前农村居民多是留守老人、妇女和儿童，受教育程度更低，可以通过教育宣传增加金融素养，但是要注重效果，不能流于形式，悬挂标语、散发传单虽然成本低但效果差。增加数字普惠金融宣传投入，可以采用发纪念品的讲座、视频宣传以及有奖问答，增强留守老人、妇女、儿童学习的积极性，提高金融素养。三是进行电视宣传，增加数字普惠金融教育的普及率，根据留守老人、妇女、儿童爱看电视的特点，增加数字普惠金融风险防范短剧、小品节目内容，也可以采用短视频方式推送到快手和抖音，提升留守老人、妇女、儿童的金融素养（王岻，2022）。

19.7.3 数字金融、数字经济、数字监管协同发展

一是加快传统金融的数字普惠金融建设。提升传统金融机构金融科技水平，增强线上和线下服务功能，针对“三农”征信不完善、缺少抵押品、区域分散、融资次数多金额少的特点，使用互联网和大数据技术建立小微企业和居民信用数据库，使信用成为资本，降低信贷风险，增加小微金融信贷投放。加快传统金融业务与涉农私募股权、创投基金、互联网保险等业务协同，增加农民、小微企业金融供给。二是发展农村产业链金融模式、第三方互联网金融平台模式和“互联网+”农村供应链金融服务模式，完善物流体系，促进电商平台的发展。农村和偏远地区网络不发达，存在“数字鸿沟”，但是物产丰富，为城市发展提供粮食、蔬菜、水果等农产品，以及生产原料。电商平台和物流的发展能够让农民和偏远地区的农产品、手工艺品、生产原料线上销售，降低运输成本，减少产品积压，线上支付也增加了农户和小微企业的收款便捷性，同时丰富了农户和小微企业的数字普惠金融实践，增加数字普惠金融的示范效应。三是发展乡村和偏远地区传统金融与医疗、出行、政务、教育、生活缴费、超市金融结算的数字化平台建设，方便居民消费，提升消费质量。四是完善数字普惠金融行业监管。金融监管的目标是保护金融机构和金融消费者利益。给予传统金融科技创新一定的宽松监管政策，如“监管沙箱”实验，降低数字普惠金融创新失败风险和数字普惠金融创新合规成本，待金融创新成熟再推广应用。运用大数据、人工智能、互联网、云计算、区块链技术进行科技监管，及时发现网贷骗局、非法集资、网络金融诈骗（打着数字普惠金融创新的幌子），及时处置，减少金融消费者损失。

参考文献

［1］安宝洋．互联网金融下科技型小微企业的融资创新［J］．财经科学，2014（10）：1—8.

［2］白钦先，张坤．论政策性金融的本质特征：公共性［J］．中央财经大学学报，2015（9）：23—30.

［3］北京大学数字金融研究中心课题组．中国数字普惠金融指标体系与指数编制［G］．北京大学数字金融研究中心，2016.

［4］卜亚，张宁．英国监管科技（Regtech）的创新实践及经验启示［J］．经济论坛，2020（11）：80—90.

［5］曹颢，尤建新，卢锐，等．我国科技金融发展指数实证研究［J］．中国管理科学，2011，19（3）：134—140.

［6］曹麟．中小商业银行科技金融产品体系优化建议：基于浦发银行和杭州银行的经验总结［J］．银行家，2021（11）：77—81.

［7］曹协和．农村金融理论发展主要阶段评述［J］．财经科学，2008（11）：27—35.

［8］陈红，郭亮．金融科技风险产生缘由、负面效应及其防范体系构建［J］．改革，2020（3）：63—73.

［9］陈思，何文龙，张然．风险投资与企业创新：影响和潜在机制［J］．管理世界，2017（1）：158—169.

［10］陈燕．中国共产党的共同富裕：理论演进与实现路径［J］．科学社会主义，2021（3）：115—120.

［11］程春美，许玲玲，胡肖夫．国外促进科技型小微企业发展措施及对中国的启示［J］．科技进步与对策，2013（18）：83—87.

［12］程雪军．我国监管科技的风险衍生与路径转换：从金融科技“三元悖论”切入［J］．上海大学学报（社会科学版），2022，39（1）：74—90.

［13］丁杰．互联网金融与普惠金融的理论及现实悖论［J］．财经科学，2015（6）：1—10.

［14］丁晓蔚．从互联网金融到数字金融：发展态势、特征与理念［J］．南京大学学报（哲学·人文科学·社会科学），2021，58（6）：28—44.

［15］丁志国，张洋，覃朝晖．中国农村金融发展的路径选择与政策效果［J］．农业经济问题，2016，37（1）：68—75.

［16］董玉峰，陈俊兴，杜崇东．数字普惠金融减贫：理论逻辑、模式构建与推进路径［J］．南方金融，2020（2）：64—73.

［17］杜金岷，韦施威，吴文洋．数字普惠金融促进了产业结构优化吗？［J］．经济社会体制比较，2020（6）：38—49.

［18］杜晓山，孙若梅．中国小额信贷的实践和政策思考［J］．财贸经济，2000（7）：32—37.

［19］杜志鹏．人工智能技术对金融行业的影响［J］．山西财经大学学报，2024，46（S2）：59—61.

［20］段永琴，何伦志，克魁．数字金融、技术密集型制造业与绿色发展［J］．上海经济研究，2021（5）：89—105.

［21］房汉廷．关于科技金融理论、实践与政策的思考［J］．中国科技论坛，2010（11）：5—10.

［22］封思贤，臧肖杉．我国移动金融创新中的突出问题及应对策略［J］．经济纵横，2017（7）：93—99.

［23］高惺惟．传统金融风险与互联网金融风险的共振机理及应对［J］．现代经济探讨，2022（4）：61—69.

［24］耿庆章．如何培养高素质的风险投资人才［J］．科学学与科学技术管理，2000，21（5）：51—53.

［25］公衍照．技术创新的金融支持体系研究［J］．科技管理研究，2009（8）：397—399.

［26］龚强，班铭媛，张一林．区块链、企业数字化与供应链金融创新［J］．管理世界，2021，37（2）：22—34.

［27］龚晓叶，李颖．金融科技对普惠金融“悖论”的影响：基于中国银行业风险承担水平的证据［J］．证券市场导报，2020（9）：33—43.

［28］龚钰涵，杨珂凡，袁礼．金融科技如何影响企业技术创新？［J］．经济体制改革，2024（3）：191—200.

［29］巩世广，郭继涛．基于区块链的科技金融模式创新研究［J］．科学管理研究，2016，34（8）：110—113.

［30］谷慎，汪淑娟．中国科技金融投入的经济增长质量效应：基于时空异质性视角的研究［J］．财经科学，2018（8）：30—43.

［31］谷政，石岿然．金融科技助力防控金融风险研究［J］．审计与经济研究，2020，35（1）：16—17.

［32］顾焕章，汪泉，高莉莉．科技金融创新的制度取向与实践模式［J］．江海学刊，2013（3）：73—78.

［33］郭峰，王靖一，王芳，等．测度中国数字普惠金融发展：指数编制与空间特征［J］．经济学（季刊），2020，19（4）：1401—1418.

［34］郭峰，熊云军．中国数字普惠金融的测度及其影响研究：一个文献综述［J］．金融评论，2021，13（6）：12—23.

［35］郭喜才．基于互联网金融背景下的中小型科技企业融资问题研究［J］．广东科技，2015（14）：32—33.

［36］韩刚．商业银行金融创新与科技型小微企业融资困境突破：以交通银行苏州科技分行为例［J］．金融理论与实践，2012（4）：20—23.

［37］韩贺洋，周全，韩俊华．数字经济时代数字金融“双风险”演变机制分析［J］．科学管理研究，2023，41（3）：98—106.

［38］韩贺洋，周全，韩俊华．政策性金融支持科技型小微企业的运行机理及路径［J］．科学管理研究，2017，35（6）：106—109.

［39］韩俊华，干胜道．科技型小微企业金融支持研究［J］．科学管理研究，2013，31（4）：105—108.

［40］韩俊华，韩贺洋，王宏昌．科技型小微企业普惠金融支持研究［J］．科学管理研究，2017，35（4）：103—106.

［41］韩俊华，韩贺洋，周全．基于区块链技术的数字金融风险监管［J］．科学管理研究，2024，42（2）：137—145.

［42］韩俊华，韩贺洋，周全．科技金融创新的经济增长效应、运行模式和风险管理路径［J］．科学管理研究，2018，36（3）：102—105.

［43］韩俊华，王宏昌，韩贺洋．科技型小微企业政策性金融支持研究［J］．科学管理研究，2016（6）：93—96.

［44］韩俊华，周全，韩贺洋．创业风险投资支持高新技术企业创新研究［J］．山东农业工程学院学报，2019，36（9）：67—72.

［45］韩俊华，周全，韩贺洋．农业科技金融理论演进、国际经验与借鉴［J］．山东农业工程学院学报，2019，36（5）：11—15.

［46］韩俊华，周全，韩贺洋．农业科技金融支持研究［J］．科学管理研究，2019，37（2）：140—145.

［47］韩俊华，周全，王宏昌．大数据时代科技与金融融合风险及区块链技术监管［J］．科学管理研究，2019，37（1）：90—93.

［48］韩俊华，周全．移动金融创新及问题研究［J］．济宁学院学报，2019，40（3）：56—60.

［49］韩俊华．互联网基金发展、风险及监管［J］．吉林金融研究，2022（6）：22—25.

［50］韩俊华．金融科技促进经济双循环发展及风险监管［J］．2022，40（1）：162—168.

［51］韩俊华．科技与金融融合机制研究［J］．青海金融，2021（1）：30—33.

［52］韩俊华．科技与金融深度融合机制、风险及对策研究［J］．科学管理研究，2020，38（4）：150—156.

［53］韩俊华．数字经济时代下第三方支付风险和监管研究［J］．经济界，2022（5）：17—24.

［54］韩俊华．网络借贷风险及治理研究［J］．经济界，2022（6）：12—20.

［55］韩俊华．小微企业金融科技支持研究［J］．甘肃金融，2022（8）：28—31.

［56］韩文龙，祝顺莲．新时代共同富裕的理论发展与实现路径［J］．马克思主义与现实，2018（5）：31—37.

［57］韩志雄．移动金融的产生、发展及前景探析［J］．南方金融，2015（2）：88—94.

［58］何德旭，苗文龙．金融排斥、金融包容与中国普惠金融制度的构建［J］．财贸经济，2015（3）：5—16.

［59］何广文，刘甜．乡村振兴背景下农户创业的金融支持研究［J］．改革，2019（9）：73—82.

［60］何婧，李庆海．数字金融使用与农户创业行为［J］．中国农村经济，2019（1）：112—126.

［61］洪银兴．科技金融及其培育［J］．经济学家，2011（6）：22—27.

［62］侯世英，宋良荣．金融科技、科技金融与区域研发创新［J］．财经理论与实践，2020，41（5）：11—19.

［63］胡苏迪，蒋伏心．科技金融理论研究的进展及其政策含义［J］．科技与经济，2012，25（3）：61—65.

［64］胡援成，吴江涛．科技金融的运行机制及金融创新探讨［J］．科技进步与对策，2012，29（23）：10—13.

［65］华劭慧．开放银行：构筑开放生态，打造无界金融［J］．新金融，2020（1）：26—31.

［66］黄倩，李政，熊德平．数字普惠金融的减贫效应及其传导机制［J］．改革，2019（11）：90—101.

［67］黄锐，赖晓冰，唐松．金融科技如何影响企业融资约束？动态效应、异质性特征与宏微观机制检验［J］．国际金融研究，2020（6）：25—33.

［68］黄益平．理解金融供给侧结构性改革［J］．政治经济学评论，2020，11（1）：149—162.

［69］黄永春，黄瑜珊，胡世亮，等．数字金融能否助推绿色低碳发展？［J］．南京财经大学学报，2022（4）：88—97.

［70］纪建强，陈晓和．科技型小微企业融资难的原因及对策［J］．科技进步与对策，2013（24）：112—116.

［71］蒋伏心．我国科技型小企业发展的困难与对策［J］．中国工业经济，1999（9）：52—55.

［72］蒋永穆，谢强．扎实推动共同富裕：逻辑理路与实现路径［J］．经济纵横，2021（4）：15—24.

［73］金融科技理论与应用研究小组．金融科技知识图谱［M］．北京：中信出版社，2021.

［74］晋铭铭，张盼，曹芳萍．数字普惠金融、城乡居民收入与消费差距［J］．统计与决策，2024，40（17）：138—143.

［75］康晓虹．国外农业科技金融经验借鉴及启示［J］．科学管理研究，2015，33（4）：121—124.

［76］黎红梅，汪邹霞．金融支持农业科技创新的国际经验［J］．世界农业，2016（1）：79—83.

［77］李苍舒，沈艳．数字经济时代下新金融业态风险的识别、测度及防控［J］．管理世界，2019，35（12）：53—69.

［78］李春涛，闫续文，宋敏，等．金融科技与企业创新：新三板上市公司的证据［J］．中国工业经济，2020（1）：81—98.

［79］李广子．金融与科技的融合：含义、动因与风险［J］．国际经济评论，2020（3）：91—106.

［80］李继尊．关于互联网金融的思考［J］．管理世界，2015（7）：1—7.

［81］李佳，段舒榕．数字金融减轻了企业对银行信贷的依赖吗？［J］．国际金融研究，2022（4）：88—96.

［82］李佳，闵悦，王晓．经济政策不确定性、资产证券化与银行风险承担［J］．金融经济学研究，2021，36（1）：77—93.

［83］李健，马亚．科技与金融的深度融合与平台模式发展［J］．中央财经大学学报，2014（5）：23—32.

［84］李敏．金融科技的系统性风险：监管挑战及应对［J］．证券市场导报，2019（2）：69—78.

［85］李明贤，李琦斓．金融科技推动下的普惠金融商业模式创新研究［J］．农村金融研究，2020（4）：10—15.

［86］李巧莎，杨伟坤，杨蕾．农业科技创新的财政金融支持研究［J］．科技管理研究，2014，34（13）：8—10.

［87］李实，朱梦冰．推进收入分配制度改革 促进共同富裕实现［J］．管理世界，2022，38（1）：52—61.

［88］李实．共同富裕的目标和实现路径选择［J］．经济研究，2021，56（11）：4—13.

［89］李斯特．政治经济学的国民体系［M］．北京：商务印书馆，2017.

［90］李小玲，崔淑琳，赖晓冰．数字金融能否提升上市企业价值？理论机制分析与实证检验［J］．现代财经（天津财经大学学报），2020，40（9）：83—95.

［91］李新宁．监管科技治理的基本逻辑：美英案例及其启示［J］．新金融，2022（1）：50—57.

［92］李扬，孙国峰．中国金融科技发展报告［M］．北京：中国科技

文献出版社，2018.

［93］李颖，凌江怀，王春超．金融发展对国内科技创新影响的理论与实证研究：基于对广东省面板数据的分析［J］．科技进步与对策，2009，26（23）：9—15.

［94］李志辉，王永伟．开发性金融理论问题研究：弥补政策性金融的开发性金融［J］．2008（4）：3—15.

［95］梁榜，李晓琳．数字普惠金融、贫困减缓与收入分配：来自中国微观数据的经验分析［J］．上海金融，2021（5）：12—24.

［96］梁曙霞，李秀波．科技型中小企业金融支持体系的构建与作用机制［J］．经济问题探索，2012（11）：62—65.

［97］廖传惠，杨渝南，陈永华．互联网金融、公共科技金融与科技型小微企业融资［J］．科学管理研究，2015，33（2）：97—100.

［98］刘降斌，李艳梅．区域科技型中小企业自主创新金融支持体系研究：基于面板数据单位根和协整的分析［J］．金融研究，2008（12）：193—206.

［99］刘敏楼，黄旭，孙俊．数字金融对绿色发展的影响机制［J］．中国人口·资源与环境，2022，32（6）：113—122.

［100］刘培林，钱滔，黄先海，等．共同富裕的内涵、实现路径与测度方法［J］．管理世界，2021，37（8）：117—129.

［101］刘圻，应畅，王春芳．供应链融资模式在农业企业中的应用研究［J］．农业经济问题，2011，32（4）：92—98.

［102］刘少波，张友泽，梁晋恒．金融科技与金融创新研究进展［J］．经济学动态，2021（3）：126—144.

［103］刘曦子，陈进，王彦博．互联网金融生态圈构建研究：基于商业生态系统视角［J］．现代经济探讨，2017（4）：53—57.

［104］刘现伟，文丰安．新时代民营经济高质量发展的难点与策略［J］．改革，2018，295（9）：5—14.

［105］刘亚平，李雪．数字监管能力：概念界定、路径分析与实践演进［J］．中山大学学报（社会科学版），2022，62（6）：176—188.

［106］刘以研，王胜今．信息化背景下的移动金融产业链［J］．情报科学，2013，31（5）：138—141.

［107］刘轶．金融监管模式的新发展及其启示：从规则到原则［J］．

法商研究，2009，26（2）：152—160.

［108］刘志辉．政府与社会组织关系：从非对称性共生到对称性互惠共生［J］．湖北社会科学，2015（9）：23—30.

［109］刘志坚．2017 金融科技报告：行业发展与法律前沿［M］．北京：中国法律出版社，2017.

［110］芦锋，韩尚容．我国科技金融对科技创新的影响研究：基于面板模型的分析［J］．中国软科学，2015（6）：139—147.

［111］陆岷峰，欧阳文杰．现代金融治理体系视角下的监管体制改革研究［J］．经济学家，2023（8）：86—94.

［112］陆燕春，朋振江．我国科技金融理论研究综述［J］．科技进步与对策，2013，30（16）：156—160.

［113］罗尔斯．正义论［M］．何怀宏，何包钢，廖申白，译．北京：中国社会科学出版社，2009.

［114］罗明忠．共同富裕：理论脉络、主要难题及现实路径［J］．求索，2022（1）：143—151.

［115］帕尔默．金融创新：重塑未来世界的智财［M］．郭杰群，草沐，译．北京：中国人民大学出版社，2016.

［116］潘锡泉．新金融业态视角下我国普惠金融发展研究［J］．农村金融研究，2020（1）：37—43.

［117］庞加兰，张海鑫，王倩倩．数字普惠金融、融资约束与民营经济高质量发展［J］．统计与决策，2023，39（5）：130—135.

［118］齐红倩，李志创．中国普惠金融发展水平测度与评价：基于不同目标群体的微观实证研究［J］．数量经济技术经济研究，2019，36（5）：101—117.

［119］钱雪松，袁峥嵘．数字普惠金融、居民生活压力与幸福感［J］．经济经纬，2022，39（1）：138—150.

［120］乔海曙，李颖．余额宝的鲇鱼效应、存款利率市场化及其应对［J］．当代财经，2014（8）：41—49.

［121］秦建文，梁珍．汲取美国金融危机的教训 稳健推进中国金融创新［J］．国际金融研究，2009（7）：43—50.

［122］秦军．科技型中小企业自主创新的金融支持体系研究［J］．科研管理，2011（1）：79—88.

［123］任保平，孙一心．数字经济培育我国经济高质量发展新优势的机制与路径［J］．经济纵横，2022（4）：38—48.

［124］邵宇，罗荣亚．金融监管科技：风险挑战与策略应对［J］．行政法学研究，2020（3）：109—118.

［125］申嫦娥，魏荣桓．基于国际经验的金融科技监管分析［J］．中国行政管理，2018（5）：139—144.

［126］沈伟，张焱．普惠金融视阈下的金融科技监管悖论及其克服进路［J］．比较法研究，2020（5）：1—14.

［127］盛安琪，耿献辉．基于区块链技术的金融科技监管路径研究［J］．科学管理研究，2019，37（5）：157—161.

［128］盛安琪，韩俊华．科技与金融融合风险对策研究［J］．科学管理研究，2018，36（6）：98—101.

［129］石涛．强化科技创新 助推科技发展［N］．科技日报，2018-1-16（6）.

［130］石宗辉，韩俊华．金融科技的数字普惠金融机理分析及应用研究［J］．科学管理研究，2022，40（3）：150—157.

［131］宋科，刘家琳，李宙甲．数字普惠金融能缩小县域城乡收入差距吗？兼论数字普惠金融与传统金融的协同效应［J］．中国软科学，2022（6）：133—145.

［132］宋敏，周鹏，司海涛．金融科技与企业全要素生产率："赋能"和信贷配给的视角［J］．中国工业经济，2021（4）：138—155.

［133］宋晓玲．数字普惠金融缩小城乡收入差距的实证检验［J］．财经科学，2017（6）：14—25.

［134］孙伍琴，朱顺林．金融发展促进技术创新的效率研究：基于Malmuquist指数的分析［J］．统计研究，2008（3）：46—50.

［135］孙友晋，王思轩．数字金融的技术治理：风险、挑战与监管机制创新——以基于区块链的非中心结算体系为例［J］．电子政务，2020（11）：99—107.

［136］唐松，赖晓冰，黄锐．金融科技创新如何影响全要素生产率：促进还是抑制？理论分析框架与区域实践［J］．中国软科学，2019（7）：134—144.

［137］唐松，苏雪莎，赵丹妮．金融科技与企业数字化转型：基于企

业生命周期视角［J］. 财经科学，2022（2）：17—32.

［138］唐松，伍旭川，祝佳．数字金融与企业技术创新：结构特征、机制识别与金融监管下的效应差异［J］. 管理世界，2020，36（5）：52—66.

［139］唐雯，陈爱祖，饶倩．以科技金融创新破解科技型中小企业融资困境［J］. 科技管理研究，2011（7）：1—5.

［140］唐要家．数字平台的经济属性与监管政策体系研究［J］. 经济纵横，2021（4）：43—51.

［141］陶娅娜．互联网金融发展研究［J］. 金融发展评论，2013（11）：58—73.

［142］滕磊，马德功．数字金融能够促进高质量发展吗？［J］. 统计研究，2020，37（11）：80—92.

［143］万佳彧，周勤，肖义．数字金融、融资约束与企业创新［J］. 经济评论，2020（1）：71—83.

［144］汪泉，曹阳．科技金融信用风险的识别、度量与控制［J］. 金融论坛，2014（4）：60—64.

［145］汪亚楠，谭卓鸿，郑乐凯．数字普惠金融对社会保障的影响研究［J］. 数量经济技术经济研究，2020，37（7）：92—112.

［146］王达．论全球金融科技创新的竞争格局与中国创新战略［J］. 国际金融研究，2018（12）：10—20.

［147］王达．美国互联网金融的发展及中美互联网金融的比较：基于网络经济学视角的研究与思考［J］. 国际金融研究，2014（12）：47—57.

［148］王頔．数字普惠金融助力共同富裕：现实困境与进路窥探［J］. 科学管理研究，2022，40（4）：83—90.

［149］王国刚．新常态下的金融风险防范机制［J］. 金融研究，2015（2）：16—22.

［150］王海，叶元煦．科技金融结合效益的评价研究［J］. 管理科学，2003（2）：67—72.

［151］王宏起，徐玉莲．科技创新与科技金融协同度模型及其应用研究［J］. 中国软科学，2012（6）：129—138.

［152］王怀勇．金融科技的算法风险及其法律规制［J］. 政法论丛，2021（1）：105—116.

［153］王洁，魏生，戴科冕．基于区块链的科技金融大数据开放共享体系研究［J］．现代计算机，2018（8）：52—58.

［154］王黎华，韩俊华，干胜道．科技型小微企业互联网金融支持研究［J］．科学管理研究，2016，34（2）：95—99.

［155］王敏，谷羽，李兆伟．数字普惠金融与乡村振兴：理论逻辑与实证检验［J］．西北大学学报（哲学社会科学版），2023，53（1）：56—71.

［156］王仁曾，詹姝珂，庄旭东．空间视角下金融科技赋能绿色金融发展研究［J］．统计与信息论坛，2023，38（12）：63—74.

［157］王小燕，张俊英，王醒男．金融科技、企业生命周期与技术创新：异质性特征、机制检验与政府监管绩效评估［J］．金融经济学研究，2019，34（5）：93—108.

［158］王勋，黄益平，苟琴，等．数字技术如何改变金融机构：中国经验与国际启示［J］．国际经济评论，2022（1）：70—85.

［159］王延平，张方群．金融创新与经济增长的效应研究［J］．商业时代，2011（9）：64—66.

［160］王瑶佩，郭峰．区域数字金融发展与农户数字金融参与：渠道机制与异质性［J］．金融经济学研究，2019，34（2）：84—95.

［161］王正位，李天一，廖理．网贷行业的竞争效应与传染效应：基于问题平台大规模爆雷事件的实证研究［J］．中国管理科学，2022，30（2）：14—26.

［162］卫梦洁，李静萍，王森．数字金融集聚有助于促进经济高质量发展吗？［J］．商业研究，2024（4）：65—73.

［163］温孝卿，张健．我国第三方支付市场平台商定价研究：基于平台经济特征的探析［J］．价格理论与实践，2015（11）：147—149.

［164］闻坤，吉小霞．关于推进计算机辅助审计应用思考［J］．经贸实践，2017（6）：261.

［165］吴江涛．科技型小微金融制度创新研究［J］．科技进步与对策，2012（10）：103—106.

［166］吴茜．数字普惠金融对农户共同富裕的影响研究［J］．改革，2024（10）：78—89.

［167］吴桐，李铭．区块链金融监管与治理新维度［J］．财经科学，2019（11）：1—11.

［168］吴晓求．互联网金融：成长的逻辑［J］．财贸经济，2015（2）：5—15.

［169］吴悠悠．我国互联网金融：问题、前景和建议［J］．管理世界，2015（4）：170—171.

［170］习近平．扎实推动共同富裕［J］．求是，2021（20）：4—8.

［171］夏乐书，李琳．国际财务管理［M］．大连：东北财经大学出版社，2010.

［172］夏诗园，郑联盛．地方政府债务治理：基于国家治理体系现代化的视角［J］．经济体制改革，2020（5）：37—43.

［173］项圆心．数字金融、消费提质扩容与经济高质量发展［J］．统计与决策，2023，39（18）：144—148.

［174］谢平，邹传伟，刘海二．互联金融的理论基础［J］．金融研究，2015（8）：1—12.

［175］谢平，邹传伟，刘海二．互联网金融监管的必要性与核心原则［J］．国际金融研究，2014（8）：3—9.

［176］谢平，邹传伟．互联网金融模式研究［J］．金融研究，2012（12）：11—22.

［177］谢绚丽，沈艳，张皓星，等．数字金融能促进创业吗？来自中国的证据［J］．经济学（季刊），2018，17（4）：1557—1580.

［178］星焱．农村数字普惠金融的“红利”与“鸿沟”［J］．经济学家，2021（2）：102—111.

［179］星焱．普惠金融：一个基本理论框架［J］．国际金融研究，2016（9）：21—37.

［180］徐洁，隗斌贤，揭筱纹．互联网金融与小微企业融资模式创新研究［J］．商业经济与管理，2014（4）：92—96.

［181］徐伟呈，范爱军．数字金融、产业结构调整与经济高质量发展：基于南北差距视角的研究［J］．财经科学，2022（11）：27—42.

［182］徐伟呈，范爱军．数字金融、内驱机制与实体经济增长：基于实体企业金融化的研究视角［J］．山西财经大学学报，2022，44（1）：28—42.

［183］徐玉莲，王宏起．科技金融对技术创新的支持作用：基于Bootstrap 方法的实证分析［J］．科技进步与对策，2012，29（3）：1—4.

［184］许多奇．金融科技的“破坏性创新”本质与监管科技新思路［J］．东方法学，2018（2）：4—13.

［185］薛宝贵．共同富裕的理论依据、溢出效应及实现机制研究［J］．科学社会主义，2020（6）：105—112.

［186］薛莹，胡坚．金融科技助推经济高质量发展：理论逻辑、实践基础与路径选择［J］．改革，2020（3）：53—62.

［187］严圣阳．互联网金融产业链问题及整合对策［J］．金融经济，2014（10）：23—25.

［188］杨东．防范金融科技带来的金融风险［J］．红旗文稿，2017（16）：23—25.

［189］杨东．互联网金融的法律规制：基于信息工具的视角［J］．中国社会科学，2015（4）：107—126.

［190］杨东．互联网金融风险规制路径［J］．中国法学，2015（3）：80—97.

［191］杨东．监管科技：金融科技的监管挑战与维度构建［J］．中国社会科学，2018（5）：69—91.

［192］杨东．量子技术是金融科技的终极形态吗？［J］．人民论坛·学术前沿，2021（7）：84—97.

［193］杨东．区块链如何推动金融科技监管的变革［J］．人民论坛·学术前沿，2018（7）：51—60.

［194］杨茜．科技型中小企业发展的金融支持问题研究［J］．科学管理研究，2018（10）：109—120.

［195］杨青，彭金鑫．创业风险投资产业和高技术产业共生模式研究［J］.软科学，2011，25（2）：11—14.

［196］杨芮．金融融合科技 大势不可阻挡［N］．中国城乡金融报，201－1－12（A2）.

［197］叶琴，袁歌骋，张呈磊．数字普惠金融与收入机会不平等［J］．当代经济科学，2013（3）：114—126.

［198］易鸣，翁丽影，徐长生．金融摩擦、创新创业与经济增长：基于劳动分工的视角［J］．世界经济文汇，2019（4）：1—17.

［199］易信，刘凤良．金融发展、技术创新与产业结构转型：多部门内生增长理论分析框架［J］．管理世界，2015（10）：24—39.

［200］尹志超，张号栋．金融可及性、互联网金融和家庭信贷约束：基于CHFS数据的实证研究［J］．金融研究，2018（11）：188—206.

［201］余泳泽．创新要素集聚、政府支持与科技创新效率：基于省域数据的空间面板计量分析［J］．经济评论，2011（2）：93—101.

［202］宇超逸，王雪标，孙光林．数字金融与中国经济增长质量：内在机制与经验证据［J］．经济问题探索，2020（7）：1—14.

［203］郁建兴，任杰．共同富裕的理论内涵与政策议程［J］．政治学研究，2021（3）：13—25.

［204］郁俊莉．中小企业信用资本形成机制对金融支持的研究［J］．中南财经政法大学学报，2009（5）：122—126.

［205］袁勇，王飞跃．区块链技术发展现状与展望［J］．自动化学报，2016，42（4）：481—494.

［206］苑泽明，于翔，李萌．数据资产信息披露、机构投资者异质性与企业价值［J］．现代财经（天津财经大学学报），2022，42（11）：32—47.

［207］翟大伟．我国移动金融现状与发展策略研究［J］．金融创新，2011（9）：37—42.

［208］张爱英．互联网金融发展与风险防范：基于《关于促进互联网金融健康发展的指导意见》的思考［J］．经济问题，2015（10）：5.

［209］张高明，边亚静，石可敬，等．数字金融促进经济高质量发展效应与机制研究：基于双创驱动视角［J］．经济问题，2024（3）：69—75.

［210］张佳佳．数字金融、技术创新与企业竞争力：来自中国A股上市企业的实证证据［J］．南方金融，2023（1）：23—36.

［211］张佳睿．美国风险投资支持科技企业发展的经验及启示［J］．现代经济探讨，2014（3）：84—87.

［212］张金林，董小凡，李健．数字普惠金融能否推进共同富裕？基于微观家庭数据的经验研究［J］．财经研究，2022，48（7）：4—17.

［213］张来明，李建伟．促进共同富裕的内涵、战略目标与政策措施［J］．改革，2021（9）：16—33.

［214］张林，王燕霞，郑强．数字普惠金融如何影响民营企业成长［J］．财经问题研究，2023（5）：76—88.

［215］张兴旺，陈希敏．国内外科技金融创新发展模式比较研究［J］．科学管理研究，2017，35（5）：112—115.

［216］张兴旺，陈希敏．科技金融创新融合问题研究［J］．科学管理研究，2017，35（2）：100—103.

［217］张兴旺，倪明明．科技型企业外部融资渠道比较研究［J］．科学管理研究，2019，37（2）：135—139.

［218］张勋，万广华，张佳佳，等．数字经济、普惠金融与包容性增长［J］．经济研究，2019，54（8）：71—86.

［219］张勋，杨桐，汪晨，等．数字金融发展与居民消费增长：理论与中国实践［J］．管理世界，2020，36（11）：48—63.

［220］张永亮．金融科技监管的原则立场、模式选择与法制革新［J］．法学评论，2020，38（5）：112—124.

［221］张玉明．协同视角下科技型中小企业融资信用治理机制研究［J］．山东大学学报（哲学社会科学版）：2017（1）：18—25.

［222］张玉喜，段金龙．政策性金融支持科技创新的机制与应用研究［J］．经济纵横，2016（4）：110—113.

［223］张云辉，李少芳．数字金融发展能提升能源效率吗？［J］．财经论丛，2022（3）：47—55.

［224］赵昌文，陈春发，唐英凯．科技金融［M］．北京：科学出版社，2009.

［225］赵大伟．区块链能拯救 P2P 网络借贷吗？［J］．金融理论与实践，2016（9）：41—44.

［226］赵丽．数字普惠金融、创新驱动与经济高质量发展［J］．统计与决策，2022，38（15）：104—107.

［227］郑彧．新证券法下“投资者适当性义务”的实现路径：从“规则监管”到“原则监管”的转变［J］．证券市场导报，2021（3）：62—68.

［228］中国科技论坛编辑部．科技型小微企业的发展依赖于环境建设［J］.中国科技论坛，2012（12）：卷首语．

［229］中国人民银行海口中心支行青年课题组．金融科技监管的国际经验借鉴及政策建议［J］．金融发展研究，2019（11）：46—52.

［230］钟凯，梁鹏，王秀丽，等．数字普惠金融有助于抑制实体经济

"脱实向虚"吗？基于实体企业金融资产配置的分析［J］. 国际金融研究，2022（2）：13—21.

［231］周昌发. 科技金融发展的保障机制［J］. 中国软科学，2011（3）：72—81.

［232］周代数，郭滕达. 金融科技风险观：一个辩证分析［J］. 科学管理研究，2020，38（5）：143—147.

［233］周光友，罗素梅，连舒婷. 金融科技创新、网贷利率决定与小微企业融资：兼论"麦克米伦缺口"的治理［J］. 国际金融研究，2020（3）：76—86.

［234］周利，廖婧琳，张浩. 数字普惠金融、信贷可得性与居民贫困减缓：来自中国家庭调查的微观证据［J］. 经济科学，2021（1）：145—157.

［235］周孟亮，张国政. 基于普惠金融视角的我国农村金融改革新方法［J］. 中央财经大学学报，2009（6）：37—42.

［236］周仲飞，李敬伟. 金融科技背景下金融监管范式的转变［J］. 法学研究，2018，40（5）：3—19.

［237］朱波强，李权，蔡洪文. "双创"背景下科技金融运行机制创新［J］. 中国高校科技，2019（10）：90—93.

［238］朱娟. 我国区块链金融的法律规制：基于智慧监管的视角［J］. 法学，2018（11）：129—138.

［239］祝民武，曾力，何淑兰. 普惠金融发展的路径思考：基于金融伦理与互联网金融视角［J］. 现代经济探讨，2015（1）：68—72.

［240］邹克，刘翔，李细枚. 科技金融发展的新质生产力生成效应与机制研究［J］. 金融经济学研究，39（6）：1—18.

［241］Adams D W，Graham D H，Pischke J V. Undermining rural development with cheap credit［M］. Boulder：Westview Press，1984.

［242］Adams D W. Filling the deposit gap in microfinance［J/OL］. https：//rfilc. org/wpcontent/uploads/2020/08/1114779489816 _ Dale _ Adams _ at_woccu_conf_paper. pdf.

［243］Aghion P，Howitt P，Mayer – Foulkes D. The effect of financial development on convergence：theory and evidence［J］. The Quarterly Journal of Economics，2005，120（1）：173 – 222.

[244] Agnello L, Mallick S K, Sousa R M. Financial reforms and income inequality [J]. Economics Letters, 2012, 116 (3): 583 -587.

[245] Allen F, McAndrews J, Strahan P. E -finance: an introduction [J]. Journal of Financial Services Research, 2002, 22 (1): 5 -27.

[246] Armendariz B, Morduch J. The economics of microfinance [M]. Cambridge: MIT Press, 2005.

[247] Arner D W, Barberis J, Buckley R P. FinTech and RegTech in a nutshell, and the future in a sandbox [R]. CFA Institute Research Foundation, 2017.

[248] Arner D W, Barberis J, Buckley R P. FinTech, RegTech, and the reconceptualization of financial regulation [J] . Northwestern Journal of International Law & Business, 2017, 37 (3): 371 -403.

[249] Arner D W, Barberis J, Buckley R P. The evolution of Fintech: a new post - crisis paradigm [J]. SSRN Electronic Journal, 2016, 47 (4): 1271 -1319.

[250] Atkinson W. Supply chain finance: the next big opportunity [J]. Supply Chain Management Review, 2008, 12 (3): 57 -60.

[251] Beck T, Demirguc - Kunt A, Martinez - Peria M S. Reaching out: access to and use of banking services across countries [J]. Journal of Financial Economics, 2007, 85 (1): 234 -266.

[252] Bencivenga V R, Smith B D, Starr R M. Transactions costs, technological choice, and endogenous growth [J]. Journal of Economic Theory, 1995, 67 (1): 153 -177.

[253] Berg T, Burg V, Puri M, et al. On the rise of FinTechs: credit scoring using digital footprints [J]. Review of Financial Studies, 2020, 33 (7): 2845 -2897.

[254] Berger A. The economic effects of technological progress: evidence from the banking industry [J]. Journal of Money, Credit and Banking, 2003, 35 (2): 141 -176.

[255] Bittencourt M. Financial development and inequality: Brazil 1985 - 1994 [J]. Economic Change and Restructuring, 2010, 43 (2): 113 -130.

[256] Braveman A, Huppi M. Improving rural finance in developing coun-

tries [J]. Finance & Development, 1991, 28 (1): 56.

[257] Bruhn M, Love I. The real impact of improved access to finance: evidence from Mexico [J]. Journal of Finance, 2014, 69 (3): 1347 - 1376.

[258] Brummer C. Disruptive technology and securities regulation [J]. Fordham Law Review, 2015, 84 (3): 977.

[259] Camara N, Tuesta D. Measuring financial inclusion: a multidimensional index [R]. BBVA Bank, Economic Research Department, 2014.

[260] Chai Y, Sun S. Can the development of FinTech mitigate non - performing loan risk? [J]. Finance Research Letters, 2024, 67: 105889.

[261] Chakravarty SR, Pal R. Measuring financial inclusion: an axiomatic approach [J]. Journal of Policy Modeling, 2013 (35): 813 - 837.

[262] Chen M A, Wu Q, Yang B. How valuable is FinTech innovation? [J]. Social Science Electronic Publishing, 2018, 32 (5): 2062 - 2106.

[263] Chen Z M, Li Y S, Wu Y W. et al. The transition from traditional banking to mobile internet finance: an organizational innovation perspective - a comparative study of citibank and ICBC [J]. Financial Innovation, 2017, 3 (12): 1 - 16.

[264] Cheng C Y, Chien M S, Lee C C. ICT diffusion, financial development, and economic growth: an international cross - country analysis [J]. Economic Modelling, 2021, 94: 662 - 671.

[265] Chiu J, Koeppl T V. Blockchain - based settlement for asset trading [J]. Review of Financial Studies, 2019, 32 (5): 1716 - 1753.

[266] Claessens S. Access to financial services: a review of the issues and public policy objectives [J]. The World Bank Research Observer, 2006, 21 (2): 207 - 240.

[267] Coglianese C. Information technology and regulatory policy: new directions for digital government research [J]. Social Science Computer Review, 2004, 22 (1): 85 - 91.

[268] Colombo C, Grilli L. Funding gaps? Access to bank loans by high - tech start - ups [J]. Small Business Economics, 2007, 29 (1 - 2): 25 - 46.

[269] Commission of the European Communities. Communication from the commission to the European parliament, the council, the European economic

and social committee and the committee of the regions: a strategy for ICT R&D and innovation in Europe: raising the game [R]. Office for Official Publications of the European Communities, 2009.

[270] Demirg – Kunt A, Levine R. Finance and inequality: theory and evidence [R]. World Bank Policy Research Working Paper, 2009.

[271] Demirgüç – Kunt A, Levine R. Finance and economic opportunity [R]. World Bank Publications, 2008.

[272] Donald D C. Smart precision finance for small businesses funding [J]. European Business Organization Law Revie, 2020, 21 (1): 199 – 217.

[273] Easterlin R A. Does economic growth improve the human lot? Some empirical evidence [M] //David P A, Reder M W. Nations households in economic growth. Amsterdam: Elsevier Inc., 1974.

[274] Epstein G A. Financialization and the world economy [M]. Cheltenham: Edward Elgar Publishing, 2005.

[275] Fenwick M, Kaal W A, Vermeulen E P M. Regulation tomorrow: What happens when technology is faster than the law [J]. American University Business Law Review, 2017, 6 (3): 561 – 594.

[276] Financial Stability Board. FinTech: describing the landscape and a framework for analysis [R/OL]. (2016 – 03 – 01) [2021 – 11 – 08]. https://www.fsb.org/uploads/P140219.pdf.

[277] Fisher I. The theory of interest as determined by impatience to spend income and opportunity to invest it [M]. New York: A. M. Kelley Press, 1970.

[278] Foley S, Karlsen J R, Putniņš T J. Sex, drugs, and bitcoin: How much illegal activity is financed through cryptocurrencies? [J]. The Review of Financial Studies, 2019, 32 (5): 1798 – 1853.

[279] Fuster A, Plosser M, Schnabl P, et al. The role of technology in mortgage lending [J]. Review of Financial Studies, 2019, 32 (5): 1854 – 1899.

[280] Gai K, Zhao H, Tao Lx, et al. Dynamic energy – aware cloudlet – based mobile cloud computing model for green computing [J]. Journal of Network and Computer Applications, 2015, 59 (c): 46 – 54.

[281] Gersbach H, Rochet J C. Capital regulation and credit fluctuations [J]. Journal of Monetary Economics, 2017, 90 (10): 113 - 124.

[282] Ghatak M. Screening by the company you keep: joint liability lending and the peer selection effect [J]. The Economic Journal, 2000, 110 (465): 601 - 631.

[283] Goldsmith R W. The quantitative international comparison of financial structure and development [J]. The Journal of Economic History, 1975, 35 (1): 216 - 237.

[284] Gomber P, Kauffman R J, Parker C, et al. On the FinTech revolution: Interpreting the forces of innovation, disruption, and transformation in financial services [J]. Journal of Management Information Systems, 2018, 35 (1): 220 - 265.

[285] Gomber P, Koch J A, Siering M. Digital finance and FinTech: current research and future research directions [J]. Journal of Business Economics, 2017, 87 (5): 537 - 580.

[286] Gulli H. Microfinance and poverty: questioning the conventional wisdom [M]. Oostrozebeke: IDB Productions, 1998.

[287] Hasan M, Lu Y J, Mahmud A. Regional development of China's inclusive financial through financial technology [J]. SAGE Open, 2020, 10 (1): 1 - 16.

[288] Hausmann R. Structural transformation and patterns of comparative advantage in the product space [J]. Ssrn Electronic Journal, 2006 (3): 65 - 77.

[289] Hayami Y, Ruttan V W. Agricultural development: an international perspective [M]. Baltimore: The Johns Hopkins University Press, 1971.

[290] Hellmann T, Murdock K, Stiglitz J. Financial restraint: toward a new paradigm [M] //Aoki M, Kim H M, Okuno - Fujiwara M. The role of government in East Asian economic development comparative institutional analysis. Oxford: Clarendon Press, 1997.

[291] Hofmann E. Supply chain finance: some conceptual insights [J]. Beiträge Zu Beschaffung Und Logistik, 2005, 1 (1): 203 - 214.

[292] Hsu P - H, Xuan T, Xu Y. Financial development and innovation:

cross - country evidence [J]. Journal of Financial Economics, 2014, 112 (1): 116 - 136.

[293] Huang Y, Luk P. Measuring economic policy uncertainty in China [R]. Hong Kong: Hong Kong Baptist University, 2019.

[294] Hyytinen A, Toivanen O. Do financial constraints hold back innovation and growth: evidence on the role of public policy [J]. Research Policy, 2005, 34 (9): 1385 - 1403.

[295] Kaldor N. Capital accumulation and economic growth [M] //Lutz F A, Hague D C. The theory of capital. New York: St Martin's Press, 1961.

[296] Kapoor A. Financial inclusion and the future of the Indian economy [J]. Futures, 2014, 56 (2): 35 - 42.

[297] Laeven L, Levine R, Michalopoulos S. Financial innovation and endogenous growth [J]. Journal of Financial Intermediation, 2015, 24 (1): 1 - 24.

[298] Laffont J J, N'Guessan T. Group lending with adverse selection [J]. European Economic Review, 2000, 44 (4 - 6): 773 - 784.

[299] Lee I, Shin Y J. Fintech: ecosystem, business models, investment decisions, and challenges [J]. Business Horizons, 2018, 61 (1): 35 - 46.

[300] Levine R, Loayza N, Beck T. Financial intermediation and growth: causality and causes [J]. Journal of Monetary Economics, 2000, 46 (1): 31 - 77.

[301] Leyshon A, French S, Signoretta P. Financial exclusion and the geography of bank and building society branch closure in Britain [J]. Transactions of the Institute of British Geographers, 2008, 33 (4): 447 - 465.

[302] Livshits I, Mac Gee J C, Tertilt M. The democratization of credit and the in Consumer Bankruptcies [J]. Review of Economic Studies, 2016, 83 (4): 1673 - 1710.

[303] Mandira S, Jesim P. Financial inclusion and development [J]. Journal of International Development, 2011, 23 (5): 613 - 628.

[304] Marcus A J. Deregulation and bank financial policy [J]. Journal of Banking & Finance, 1984, 8 (4): 557 - 565.

[305] Mazambani L, Mutambara E. Predicting FinTech innovation adoption in South Africa: the case of cryptocurrency [J]. African Journal of Economic and Management Studies, 2019, 11 (1): 30-50.

[306] Merton R C, Bodie Z. Conceptual framework for analyzing the financial environment in the global financial system: a functional perspective [M]. Boston: Harvard Business School Press, 1995.

[307] Mialou A, Amidzic G, Massara A. Assessing countries' financial inclusion standing - a new composite index [J]. Journal of Banking and Financial Economics, 2017, 2 (8): 105-126.

[308] Mollick E. The dynamics of crowdfunding: an exploratory study [J]. Journal of Business Venturing, 2014, 29 (1): 1-16.

[309] Monaco S M, Pershkow A W, Cruz L S. U. S. Securities and exchange commission's division of investment management issues guidance regarding robo-advisers [J]. Journal of Investment Compliance, 2017, 18 (3): 26-31.

[310] Mudanmbi R, Mudambi S M, Mukherjee D. Global connectivity and the evolution of industrial clusters: from tires to polymers in Northeast Ohio [J]. Industrial Marketing Management, 2017, 61: 20-29.

[311] Odinet C K. The new data of student debt [J]. Southern California Law Review, 2019, 92 (6): 1617-1691.

[312] Otero M, Rhyne E. The new world of microenterprise finance: building healthy financial institutions for the poor [M]. West Hartford: Kumarian Press, 1994.

[313] Perez C. Technical revolution and financial capital: the dynamics of the bubble and golden age [M]. Beijing: Renmin University Press, 2002.

[314] Philippon T. On Fintech and financial inclusion [R]. NBER Working Paper, 2019.

[315] PRI Association. Principles for Investors in Inclusive Finance [R]. PRI Association, 2010.

[316] Rangarajan, C. Report of the committee on financial inclusion [R]. Ministry of Finance, Government of India, 2008.

[317] Reyes C L. Moving beyond bitcoin to an endogenous theory of decen-

tralized ledger technology regulation: an initial proposal [J]. Villanova Law Review, 2016, 61 (1): 191.

[318] Roemer J E. A pragmatic theory of responsibility for the egalitarian planner [J]. Philosophy and Public Affairs, 1993, 22 (2): 146 - 166.

[319] Romer P M. Endogenous technological change [J]. Journal of Political Economy, 1990, 98 (5, Part 2): S71 - S102.

[320] Saint - Paul G. Technological choice, financial markets and economic development [J]. European Economic Review, 1992, 36 (4): 763 - 781.

[321] Sarma M. Index of financial inclusion [R]. Working paper, 2008.

[322] Schmid N, Haelg L, Sewerin S, et al. Governing complex societal problems: the impact of private on public regulation through technological change [J]. Regulation & Governance, 2021, 15 (3): 840 - 855.

[323] Schwartz R. Evaluating research and development investments in project flexibility, agency and competition [M]. New York: Oxford University Press, 2000.

[324] Shaw E S. Financial deepening in economic development [M]. New York: Oxford University Press, 1973.

[325] Stiglitz J E, Weiss A. Credit rationing in markets with imperfect information [J]. The American Economic Review, 1981, 71 (3): 393 - 410.

[326] Stiglitz J E. Markets, market failures, and development [J]. The American Economic Review, 1989, 79 (2): 197 - 203.

[327] Stiglitz J E. Peer monitoring and credit markets [J]. The World Bank Economic Review, 1990, 4 (3): 351 - 366.

[328] Stulz R M. Managerial discretion and optimal capital structure [J]. Journal of Financial Economics, 2010, 26 (1): 3 - 27.

[329] Taylor M. The search for a new regulatory paradigm [J]. Mercer Law Review, 1997, 49 (3): 793.

[330] Thakor A V. FinTech and Banking: What do we know? [J]. Journal of Financial Intermediation, 2020, 41 (1): 1 - 13.

[331] Tomaskovic - Devey D, Lin K H. Financialization and U. S. income inequality 1970 - 2008 [J]. American Journal of Sociology, 2013, 118 (5):

1284 – 1329.

[332] Uzzi B. Social structure and competition in interfirm networks: the paradox of embeddedness [J]. Administrative Science Quarterly, 1997, 42 (1): 35 – 67.

[333] Van Tassel E. Group lending under asymmetric information [J]. Journal of Development Economics, 1999, 60 (1): 3 – 25.

[334] Vives X. Digital disruption in banking [J]. Annual Review of Financial Economics, 2019, 11: 243 – 272.

[335] Yin Z C, Gong X, Guo P Y, et al. What drives entrepreneurship in digital economy? Evidence from China [J]. Economic Modelling, 2019, 82: 66 – 73.